電磁気学
ビギナーズ講義

天野 浩　監修

大野哲靖・松村年郎・内山 剛・横水康伸　共著

培風館

監修者の言葉

私自身，これまで 7 年間土木建築系の工学部 1 年生向けに 1 セメスター分の電磁気学の講義を担当している。担当当初は，40 年近く前，自身が学生時代に受けた電磁気学の講義のやり方を踏襲して，まずは数学的基礎をしっかり身に着けるために微分積分，ベクトル解析をマスターしてもらい，その次にガウスの法則の積分・微分表示，ガウスの定理，ストークスの定理，ビオ・サバールの法則へ，とやったのだが，学生の反応は鈍く，最初の数学からつまずく学生が多く，後の実際の電磁気の内容ではあまりついてきてくれない。それでは，ということで，次に数式は極力使わず，雷や感電など，身の回りの電磁気的な現象を中心に説明するスタイルに変えたが，これも芳しい成果は上げられず，半分以上の学生が講義中に寝る始末。

そのようなときに，基礎科目のとりまとめをしている担当の先生と培風館の方から教科書を書きませんか，と言うお話を頂き，大変良い機会と思い自分で書くつもりでいたのだが，今度は自分の身に大騒動が起こって書く時間が全く無くなってしまった。ところが幸いなことに，熱心な培風館の担当の方が，電気系でない学生向けに電磁気学を担当している工学部電気系学科の先生に声をかけて頂き，松村年郎先生が中心となって，同じ学科の大野哲靖，内山剛，横水康伸の諸先生とともにお書きいただいたのが，この電磁気学の教科書である。

元来，電気は概念的である。例えば電界とか電気力線と言われても目に見えるわけでは無いので，その実態を理解する，あるいは理解したつもりになるのは時間がかかる。この教科書では，抽象的で難しいと言われていた法則も，できる限り物理的なイメージが湧きやすいように，図を交えて丁寧にその数学的表現が説明されている。この教科書を読めば，私たちが受けた昔の電気系の学生に対する講義のように，電磁気を理解するために最初に数学ありき，ではなく，まずはその物理現象を理解し，次に例えばベクトル解析という数学的手法が，電磁気学的現象を説明するために，とても便利で且つ正確な道具であることが実感できると思う。このように現象の理解から始めるという新しいスタイルの教科書ができたのは，4 名の先生方の教育的な高い力量と，これまで長く電磁気学を担当された御経験のなせる業であると思う。素晴らしい教科書をご執筆いただいた 4 人の先生方に感謝するとともに，熱心に辛抱強く出版にまでこぎつけてくれた培風館の担当の方に感謝する。

平成 30 年 7 月

天野　浩

ま え が き

本書は大学の理工系学生のための電磁気学の入門書であり，特に「電気系学科の学生だけでなく，非電気系学科の学生にもわかりやすく，役立つ内容にする」を意識したものである。そのため，本書では，電磁気学の基本を理解するために必要な最低限の内容に留めている。応用面などを含めて，本書で割愛した内容については，さらに進んだ書物で学習されることを期待する。

電磁気学は力学とともに古典物理学の中心であり，電気工学分野における基礎的科目であるだけでなく，論理的な思考過程を学べる科目でもある。しかしながら，電磁気学は，数式的な記述が多く，学生にとって最も難解な科目の一つと言って過言ではない。しかるに，電磁気学で扱う電界および磁界はベクトル表示されるものであり，ベクトル解析の数学的知識が，電磁気学の十分な理解を助ける。そのため，ベクトル解析の記述から始めている教科書が多い。筆者らは，初めて電磁気学を学ぶ学生に対して，そのような教科書を用いて，ベクトル解析から解説してきたが，本当に学生の理解が進んでいるのか，疑心暗鬼であった。最初から電磁気学の物理的現象の解説を行った方が，学生の理解に役立つのではないかとの思いを抱いてきた。

そこで，本書では，ベクトル解析の記述から始めるのではなく，真空中の静電界から解説している。ベクトル解析の知識については，関係する箇所でその都度説明しているが，必要ならばベクトル解析の教科書を参照されたい。

電磁気学の最低限の基礎知識として，第 1 章に真空中の静電界，第 2 章に導体中の静電界，第 3 章に誘電体を含む静電界，第 4 章および第 5 章に定常流の性質およびそれによる静磁界，第 6 章に磁性体と静磁界，第 7 章に電磁誘導とインダクタンスを取り上げた。さらに最後の第 8 章に，電磁気学の基礎法則であるマクスウェル方程式に簡単に言及している。本書がすべての理工系学生のための入門書として，初学者の電磁気学の習得に役立つことを切に願っている。

出版にあたって，培風館の斉藤 淳氏には大変お世話になった。原稿の提出の遅れなどに対して辛抱強く待っていただいたことなどに，感謝の意を表したい。また，編集部の近藤妙子氏には，本書の体裁を整えていただきました。有難うございました。

平成 30 年 5 月

執筆者を代表して
松村 年郎

目　次

1 真空中の静電界

本章では，電磁気学の基礎である電荷，電界，電位の関係について学ぶ。場という概念を導入して静電気がはたらく場である静電界を定義するとともに，クーロンの法則，ガウスの法則について学び，ベクトル解析を用いて，これらの法則の定式化を行う。

1.1　電荷と帯電

1.1.1　電　荷

水素原子は，1 個の陽子とそのまわりを取り巻いている 1 個の電子でできている (図 1.1)。陽子は**正**の電気をもち，電子は**負**の電気をもつ。このような物体がもつ電気の量を**電荷** (charge) という。電荷の単位は**クーロン** [C] で表される。電子の電荷は $-e = -1.602 \times 10^{-19}$ C であり，この e を**電気素量** (elementary electric charge) という。陽子は $+e$ の正の電荷をもつため，水素原子は全体として電気的に中性となっている。電気素量は電荷の基準となるために，物体の電荷は電気素量の整数倍となる。

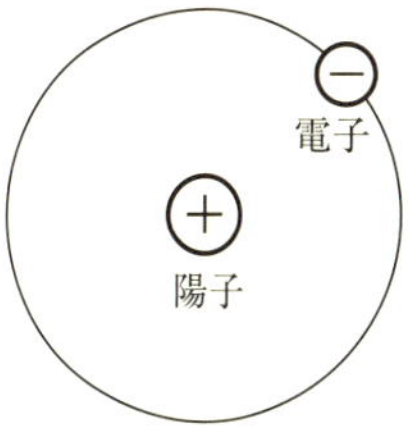

図 1.1　水素原子

ヘリウム原子を考えてみよう。ヘリウム原子の原子核は陽子 2 個と電荷をもたない中性子 2 個でできている。そのまわりを 2 個の電子が取り巻いている。このヘリウム原子から，図 1.2 のように，1 個の電子を取り除くと，ヘリウム原子は電気的に中性ではなくなり，$+e$ の正の電荷をもつ物体 (**正イオン**) となる。このようにイオンの電荷は，電子と陽子の過不足によって決まる。

次に 1 円玉について考えてみる。1 円玉の質量は 1g であり，材質はアルミニウムである。アルミニウムの原子番号は 13，原子量は 27* であるので，アルミニウムの原子核は 13 個の陽子と 14 個の中性子を含む。陽子，中性子の質量をそれぞれ 1.67×10^{-27} kg とし，電子の質量 (9.11×10^{-31} kg) は小さいので無視すると，1 g のアルミニウムには 1×10^{-3} kg/1.67×10^{-27} kg $= 6.0 \times 10^{23}$ 個の陽子，中性子が含まれることがわかる。よって，陽子と中性子の比から，1

* 同位体 ${}^{26}_{13}$Al が存在し，正確には 27 よりわずかに小さい。

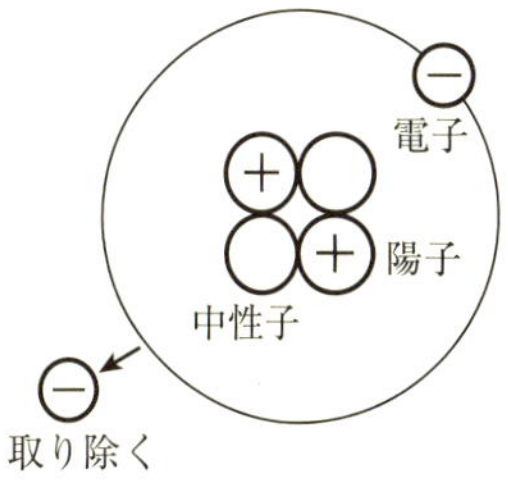

図 1.2　ヘリウム正イオン

表1.1 帯電列

← 電子を放出しやすい								電子を受け取りやすい →
毛皮	ガラス	銅	紙	絹	皮膚	ゴム	エボナイト	セルロイド

円玉の中には約 2.9×10^{23} 個の陽子と電子が含まれていることがわかる。しかし，陽子と電子の数は同じなので (2.9×10^{23} 個の電子と陽子による電荷は描かずに)，電磁気学では 1 円玉を電荷 0 C の物体として取り扱う。一方，何らかの方法で 1 円玉から電子を 100 個取り除くと，$+100\ e$ の電荷をもつ物体となり，逆に 100 個の電子を余分に加えると $-100\ e$ の電荷をもつ物体となる。このように電子などの移動により物体が電荷を帯びることを**帯電** (electrification)，電荷をもつ物体を**帯電体**という。特に帯電体の大きさを無視した場合を，**点電荷** (point charge) という。

物体には電子を放出しやすいものと電子を受け取りやすいものがある。この性質は帯電列で表される (表 1.1)。毛皮とエボナイト棒をこすり合わせると，毛皮の方が電子を放出しやすいので，電子が毛皮からエボナイト棒に移動する。そのため，エボナイト棒は負に帯電し，毛皮は正に帯電する。

物質には，電気を通しやすい (電荷が移動しやすい) **導体** (金属，炭素など) と電気を通さない**絶縁体** * (ガラス，ゴムなど) がある。金属では，正の電荷である陽子は固定されているが，自由に動くことができる負の電荷である電子 (**自由電子**) が多く存在する (図 1.3)。一方，絶縁体にも多くの電子は存在するが，それらは束縛された状態にあり移動することができない。そのため，絶縁体には自由電子が存在しない。

* 絶縁体は不導体ともよぶ。

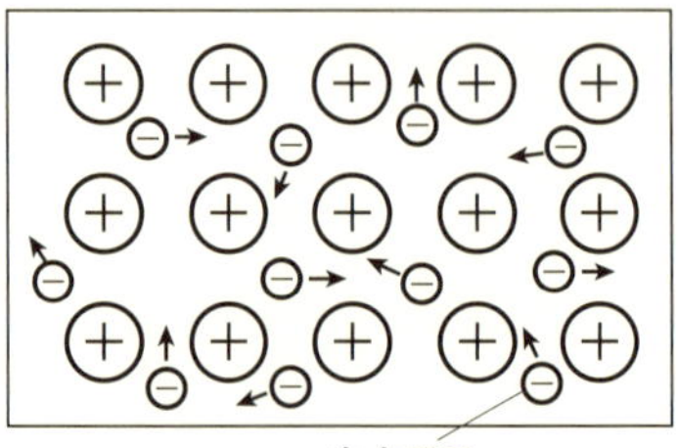

図1.3 金属中の自由電子

1.1.2 クーロンの法則

図 1.4 のように，正と負の帯電体間には引き合う力 (**引力**)，正と正 (負と負) の帯電体間には反発する力 (**斥力**) がはたらく。この力を**静電気力**，もしくは**クーロン力**という。特に，真空中の 2 つの点電荷にはたらく力は，(ⅰ) それぞれの電荷の大きさに比例し，(ⅱ) 電荷間の距離の 2 乗に反比例し，(ⅲ) その方向が点電荷間を通る直線上にあることが，1785 年にフランスの物理学者であ

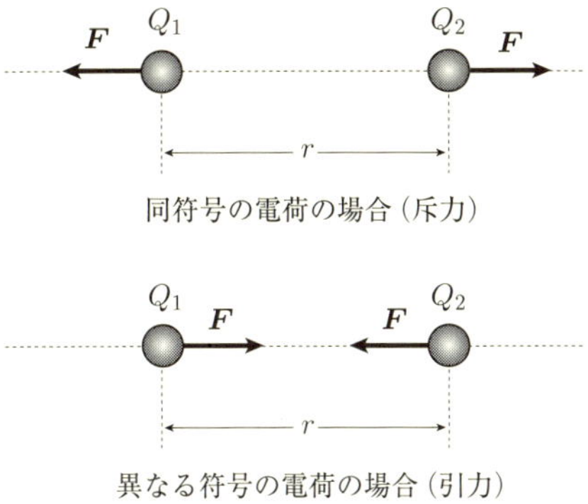

図1.4 クーロンの法則の模式図

るクーロン (C. A. Coulomb) により，ねじばかりを用いた実験から見いだされた。これを静電気力の**クーロンの法則** (Coulomb′s law) という。

点電荷がそれぞれ Q_1 [C], Q_2 [C] であり，その間の距離が r [m] のとき，クーロン力の大きさ F [N] は

$$F = \frac{1}{4\pi\varepsilon_0}\frac{Q_1Q_2}{r^2} \tag{1.1}$$

である。ここで，比例定数 $\dfrac{1}{4\pi\varepsilon_0}$ の値は $9.0 \times 10^9\ \mathrm{Nm^2C^{-2}}$ である。比例定数内の ε_0 は真空の誘電率を表す。

ベクトルを用いてクーロン力がはたらく方向も明示すると，

$$\boldsymbol{F}(Q_1 \to Q_2) = \frac{1}{4\pi\varepsilon_0}\frac{Q_1Q_2}{r^2}\hat{\boldsymbol{r}} \tag{1.2}$$

と表される。ここで，$\hat{\boldsymbol{r}}$ は点電荷 Q_1 から点電荷 Q_2 の位置に向かう方向の単位ベクトルである。式 (1.2) は点電荷 Q_1 が点電荷 Q_2 に及ぼす力を表している。

大きさが 1 のベクトルを**単位ベクトル**とよび，空間上で方向を示すために用いられる。点電荷 Q_1 の位置を始点とし，点電荷 Q_2 の位置を終点とするベクトルを $\boldsymbol{r}$ とすると，単位ベクトル $\hat{\boldsymbol{r}}$ は，

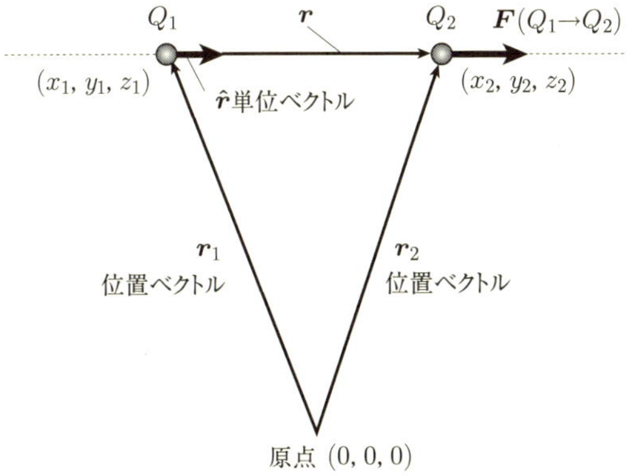

図1.5 単位ベクトルと位置ベクトルによるクーロンの法則の表記

$$\hat{\boldsymbol{r}} = \frac{\boldsymbol{r}}{r} = \frac{\boldsymbol{r}}{|\boldsymbol{r}|} \tag{1.3}$$

である。$|\boldsymbol{r}|$ は $\boldsymbol{r}$ の大きさ (長さ) を表すので，$r = |\boldsymbol{r}|$ となる。

点電荷 Q_1 の位置を (x_1, y_1, z_1) [m]，点電荷 Q_2 の位置を (x_2, y_2, z_2) [m] とし，それぞれの位置を位置ベクトル $\boldsymbol{r}_1 = (x_1, y_1, z_1)$，$\boldsymbol{r}_2 = (x_2, y_2, z_2)$ で表す。図 1.5 より，$\boldsymbol{r} = \boldsymbol{r}_2 - \boldsymbol{r}_1$ であることがわかるので，単位ベクトル $\hat{\boldsymbol{r}}$ は，

$$\hat{\boldsymbol{r}} = \frac{\boldsymbol{r}_2 - \boldsymbol{r}_1}{|\boldsymbol{r}_2 - \boldsymbol{r}_1|} \tag{1.4}$$

と書くことができる。これを用いると，位置 $\boldsymbol{r}_1$ の点電荷 Q_1，位置 $\boldsymbol{r}_2$ の点電荷 Q_2 に対して，式 (1.2) はより一般的な形に書くことができる。

$$\boldsymbol{F}(Q_1 \to Q_2) = \frac{1}{4\pi\varepsilon_0} \frac{Q_1 Q_2}{|\boldsymbol{r}_2 - \boldsymbol{r}_1|^2} \frac{\boldsymbol{r}_2 - \boldsymbol{r}_1}{|\boldsymbol{r}_2 - \boldsymbol{r}_1|} \tag{1.5}$$

ここで，$r = |\boldsymbol{r}| = |\boldsymbol{r}_2 - \boldsymbol{r}_1|$ であり，式 (1.5) は位置 $\boldsymbol{r}_1$ にある点電荷 Q_1 により，位置 $\boldsymbol{r}_2$ にある点電荷 Q_2 にはたらくクーロン力であることに気をつけよう。

1.2　静電誘導と静電分極

正に帯電させた棒を金属球に近づけると，棒に近い側の金属球表面には棒の正電荷に自由電子が引き寄せられて集まってくるため負の電荷があらわれる (図 1.6)。一方，金属球の反対側では，陽子より電子の数が不足するために正の電荷があらわれる。このように，帯電体の近くに導体 (金属球) を置くと，帯電体に近い側の導体表面は帯電体と異種の電荷を帯び，また帯電体から遠い側の導体表面は帯電体と同種の電荷を帯びる。この現象を，**静電誘導** (electrostatic induction) という。このとき，帯電体と金属球間にはクーロン力がはたらくが，異種間の電荷の距離が同種間の電荷の距離よりも小さいため，異種間の電荷間にはたらくクーロン引力の方が同種電荷間にはたらくクーロン斥力より常に大きい。よって，金属球にはたらく合力は帯電体方向にはたらき，帯電体の電荷の正負によらず，金属球は常に帯電体に引き寄せられる。

一方，絶縁体 (不導体) である紙片に，正に帯電させた棒を近づけると，金属球と同じように紙片が棒に引き寄せられる。紙片には自由電子はないので静電誘導は起こらないが，原子や分子内で束縛状態の電子が帯電体の正の電荷方向

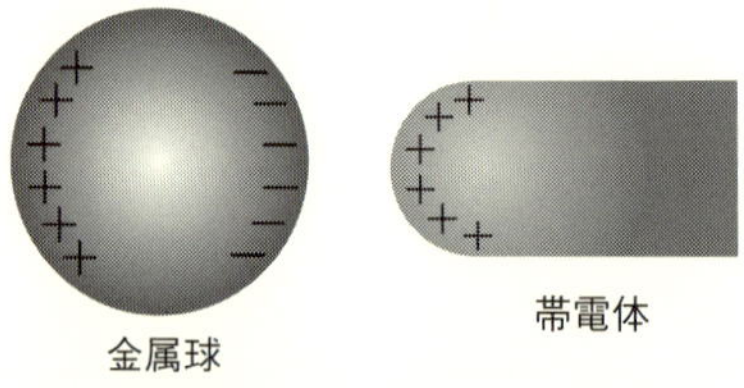

図1.6　静電誘導

にわずかに引き寄せられ，原子 (分子) 内に電荷分布の偏りが発生する。これを**分極**という (詳細は第 3 章を参照のこと)。この分極により，紙片全体として帯電体の近くの表面には負の電荷が，遠い表面には正の電荷があらわれる。この現象は，**静電分極** (electrostatic polarization) という。この場合も，静電誘導のときと同じで，紙片にはたらく合力は常に帯電体方向にはたらく。

分子の中には，分子内の正電荷と負電荷の分布に偏りをもったものが存在する。代表的な分子としては，水 (H_2O)，アンモニア (NH_3) などがある。例えば水分子に正の帯電体を近づけると，負に帯電している酸素原子は帯電体に近い側を向き，水素原子は遠い側を向く (図 1.7)。よって，水全体として静電分極を起こす。このため，蛇口から流れ落ちる水に帯電体を近づけると，水は帯電体に引き寄せられ，曲がって落ちることが観測される。

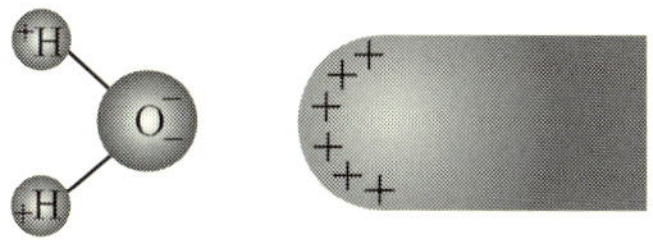

図1.7 水の静電分極

1.3 電　　界

1.3.1 電界と場

これまで，点電荷間にはたらくクーロン力や，帯電体を導体，絶縁体に近づけたときの静電誘導，静電分極などを見てきた。このように 2 体間の相互作用を直接考えるのではなく，帯電体がそのまわりの空間を変形させて，その結果，他の電荷に静電気力を及ぼしていると考える。帯電体によって誘起された，他の電荷に静電気力を与える空間 (場) を**電界** (electric field)，または**電場**という。このような考え方を，**場の概念**という。身近な「場」としては，重力場がある。重力加速度 $\boldsymbol{g}$ [m/s^2] で特徴づけられる重力場に質量 m [kg] の物体を置くと，$\boldsymbol{F} = m\boldsymbol{g}$ [N] の力がはたらく。よって，力 $\boldsymbol{F}$ を計測することにより，$\boldsymbol{g} = \boldsymbol{F}/m$ により重力加速度 $\boldsymbol{g}$ を求めることができる。

電界 (電場) においても，試験電荷とよばれる小さな電気量 q [C] をもつ正電荷にはたらく力の大きさと方向を調べることにより，電界を求めることができる。電界中にある電荷にはたらく力は q に比例するので，電界 $\boldsymbol{E}$ と力 $\boldsymbol{F}$ の関係は，$\boldsymbol{F} = q\boldsymbol{E}$ となる。よって，電界 $\boldsymbol{E}$ は，

$$\boldsymbol{E} = \frac{\boldsymbol{F}}{q} \qquad [\mathrm{N/C}] \tag{1.6}$$

となる。電界はベクトルであることに注意しよう。

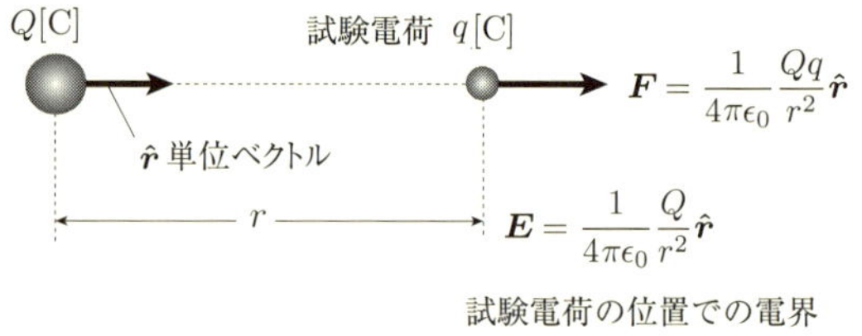

図1.8 試験電荷にはたらく力と点電荷がつくる電界

次に，静電気力のクーロンの法則を用いて，点電荷 Q [C] のまわりの電界を求めよう (図 1.8)。点電荷 Q [C] から距離 r [m] 離れた試験電荷 q [C] にはたらくクーロン力 $\boldsymbol{F}$ [N] は，式 (1.2) より

$$\boldsymbol{F} = \frac{1}{4\pi\varepsilon_0}\frac{Qq}{r^2}\hat{\boldsymbol{r}} \tag{1.7}$$

と表される。ここで，$\hat{\boldsymbol{r}}$ は点電荷 Q の位置から試験電荷 q の位置に向かう方向の単位ベクトルである。式 (1.6) より，$\boldsymbol{E} = \boldsymbol{F}/q$ であるので，点電荷 Q [C] から距離 r [m] の地点の電界 $\boldsymbol{E}$ [N/C] は，

$$\boldsymbol{E} = \frac{1}{4\pi\varepsilon_0}\frac{Q}{r^2}\hat{\boldsymbol{r}} \tag{1.8}$$

で表される (図 1.9)。

電界 $\boldsymbol{E}$ を成分表示すると，

$$\boldsymbol{E} = (E_x, E_y, E_z) = E_x\hat{\boldsymbol{i}} + E_y\hat{\boldsymbol{j}} + E_z\hat{\boldsymbol{k}} \tag{1.9}$$

となる。ここで，$\hat{\boldsymbol{i}}, \hat{\boldsymbol{j}}, \hat{\boldsymbol{k}}$ は，x 方向，y 方向，z 方向の単位ベクトルである。このとき，電界の大きさ E は

$$E = |\boldsymbol{E}| = \sqrt{\boldsymbol{E}\cdot\boldsymbol{E}} = \sqrt{E_x^2 + E_y^2 + E_z^2} \tag{1.10}$$

で表される。

電界はベクトルであるので，ある点に電界 $\boldsymbol{E}_1$ と電界 $\boldsymbol{E}_2$ が与えられたとき，その合成電界 $\boldsymbol{E}$ はベクトル和で表される (図 1.10)。

$$\boldsymbol{E} = \boldsymbol{E}_1 + \boldsymbol{E}_2 \tag{1.11}$$

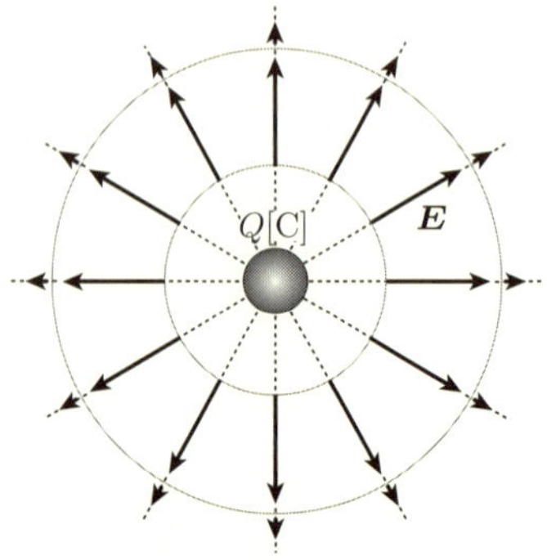

図1.9 点電荷がつくる電界のようす

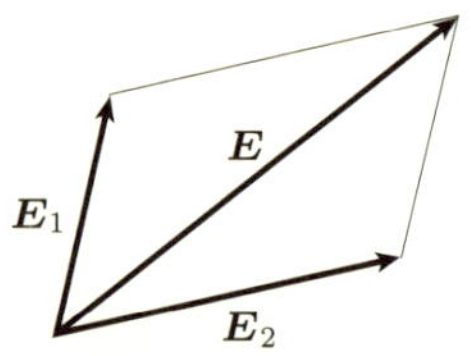

図1.10 電界の合成

ここで，

$$E_1 = (E_{x1}, E_{y1}, E_{z1}), \quad E_2 = (E_{x2}, E_{y2}, E_{z2})$$

とすると，合成電界 $\boldsymbol{E}$ の成分は，

$$\boldsymbol{E} = \boldsymbol{E}_1 + \boldsymbol{E}_2 = (E_{x1} + E_{x2}, E_{y1} + E_{y2}, E_{z1} + E_{z2}) \tag{1.12}$$

となる。また，合成電界 $\boldsymbol{E}$ の大きさは，

$$E = |\boldsymbol{E}| = \sqrt{(E_{x1} + E_{x2})^2 + (E_{y1} + E_{y2})^2 + (E_{z1} + E_{z2})^2} \tag{1.13}$$

となる。

ここで，式 (1.8) の各成分を求めよう。点電荷 Q が $\boldsymbol{r}_0 = (x_0, y_0, z_0)$ [m] の位置にあるとき，位置 $\boldsymbol{r} = (x, y, z)$ [m] の電界 $\boldsymbol{E}(\boldsymbol{r}) = \boldsymbol{E}(x, y, z)$ [N/C] は，式 (1.5) を参考に，式 (1.8) を変形すると，

$$\boldsymbol{E}(\boldsymbol{r}) = \boldsymbol{E}(x, y, z) = \frac{1}{4\pi\varepsilon_0} \frac{Q}{|\boldsymbol{r} - \boldsymbol{r}_0|^2} \frac{\boldsymbol{r} - \boldsymbol{r}_0}{|\boldsymbol{r} - \boldsymbol{r}_0|} \tag{1.14}$$

と書ける。$\boldsymbol{E} = (E_x, E_y, E_z)$ の各成分を表記すると，

$$E_x = \frac{1}{4\pi\varepsilon_0} \frac{Q(x - x_0)}{\left\{(x - x_0)^2 + (y - y_0)^2 + (z - z_0)^2\right\}^{\frac{3}{2}}} \tag{1.15}$$

$$E_y = \frac{1}{4\pi\varepsilon_0} \frac{Q(y - y_0)}{\left\{(x - x_0)^2 + (y - y_0)^2 + (z - z_0)^2\right\}^{\frac{3}{2}}} \tag{1.16}$$

$$E_z = \frac{1}{4\pi\varepsilon_0} \frac{Q(z - z_0)}{\left\{(x - x_0)^2 + (y - y_0)^2 + (z - z_0)^2\right\}^{\frac{3}{2}}} \tag{1.17}$$

となる。

1.3.2 電気力線

風のようすを風速，風向のベクトル図として表すように，電界 $\boldsymbol{E}$ のようすを見るためには，各場所の電界のベクトルを表示すればよい。一方，電界中に試験電荷を置いて試験電荷が受ける静電気力の方向 (電界の向き) に電荷を動かし，その軌跡を描くことができる。この軌跡を**電気力線** (line of electric force) という。この電気力線は電界の構造の可視化の一手段である。電気力線は，下記の性質をもつ。

- 電気力線は正の電荷から出て負の電荷に入る (孤立した電荷の場合は，無限遠方まで広がることとする)。
- 電気力線の各点での接線は，その点での電界の向きと一致する。
- 電気力線は交差したり，枝分かれしない。
- 電荷 Q[C] からは，Q/ε_0 本の電気力線が出ると定義する。
- 電気力線に垂直な面を貫く電気力線の密度 (電気力線の面密度) は，そこでの電界の大きさに一致する。

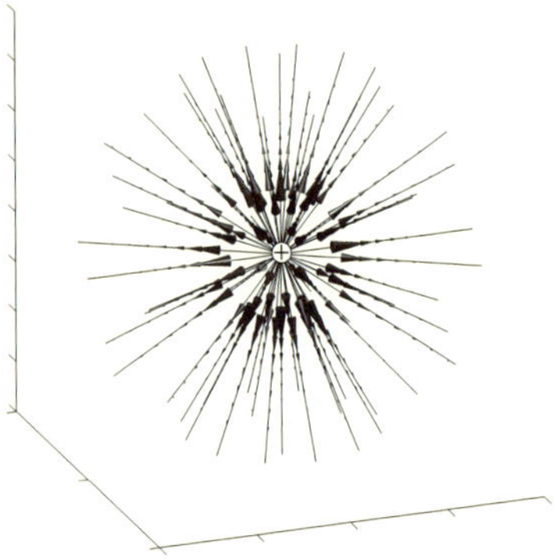

図1.11　正の点電荷からの電気力線

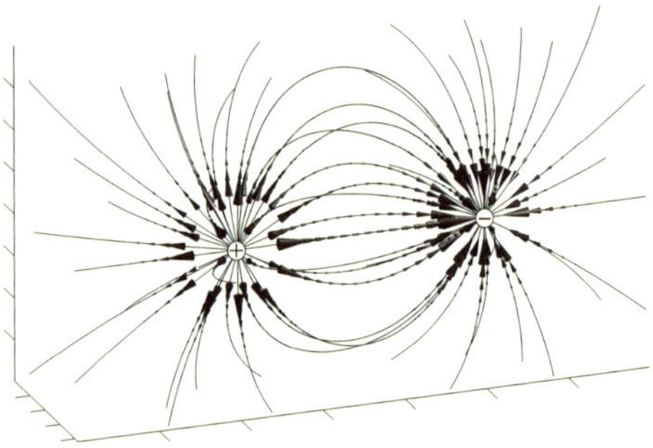

図1.12　大きさが等しい正と負の点電荷からの電気力線

図 1.11 は正の電荷からの電気力線，図 1.12 は大きさが等しい正と負の点電荷からの電気力線を示している。電荷の近くの電界の大きさが大きい場所は電気力線の間隔が狭く，点電荷から遠い電界の大きさが小さい領域では，その間隔が広いことがわかる。

1.4　ガウスの法則

原点 O に置かれた点電荷 Q [C] から距離 r [m] の位置の電界を表す式 (1.8) を用いて，電界の大きさのみを考えると

$$E(r) = |\boldsymbol{E}| = \frac{1}{4\pi\varepsilon_0}\frac{Q}{r^2} \tag{1.18}$$

となる。これを変形すると，

$$4\pi r^2 E(r) = \frac{Q}{\varepsilon_0} \tag{1.19}$$

となる。これは，

(点電荷 Q を中心とした半径 r の球の表面積)×(半径 r の位置での電界の大きさ)

=(点電荷 Q から湧き出した電気力線の本数)

という関係を表している。つまり，電界を全球面上で面積分した値が，Q/ε_0 と等しいことを意味している。電気力線の定義より，電界の大きさは電気力線に垂直な面 (1 m^2) を貫く電気力線の面本数であるので，

(点電荷 Q を中心とした半径 r の球の表面積)×(半径 r の位置での電界の大きさ)

は，半径 r の球面を貫く電気力線の総本数となる。これが，球面内にある点電荷 Q から湧き出した電気力線の本数と一致することは直感的に理解することができる (図 1.13)。

電荷，質量，密度などは大きさのみをもつ**スカラー量**であり，力，速度，電界は大きさと方向をもった**ベクトル量**である。面積や線分の長さはスカラー量

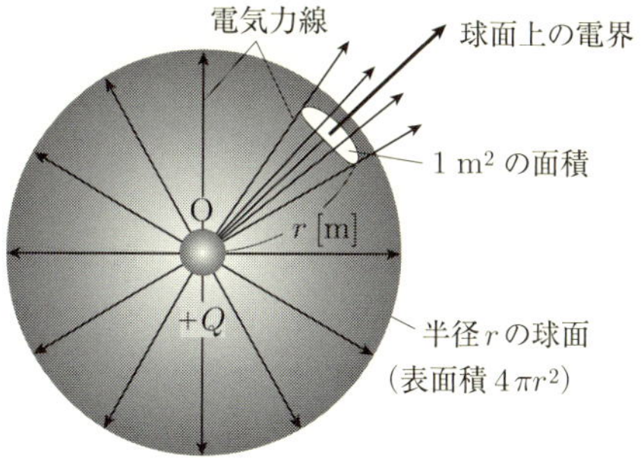

図1.13 点電荷から出る電気力線の総数と球面上の電界の大きさとの関係

であるが，それをベクトルとして取り扱うことがある。空間にある曲面があるときに，それを微小面積 dS [m^2] をもつ面 (面素) に分割する。各面素はいろいろな方向を向いているので，その方向を明示するために各面素の単位法線ベクトル $\boldsymbol{n}$ を用いて，面素ベクトル $d\boldsymbol{S} = \boldsymbol{n}\,dS$ を定義する。この面素ベクトルにより，面素の面積と向きを明示することができる。

これまで半径 r の球面を仮想的に考えたが，式 (1.19) の関係は点電荷を取り囲む任意の閉曲面に対して一般的に記述することができる。

いま，閉曲面上に点電荷からの距離が r の位置にある面素を考える。点電荷を中心とする球面の場合は電気力線と面素は必ず直交する (電界 $\boldsymbol{E}$ と面素の外向きの単位法線ベクトル $\boldsymbol{n}$ は同じ向き) ので，面素を通過する電気力線の本数を数えるときには，電界の大きさ (電気力線の面密度) と面素の面積 dS を単純に掛け合わせればよい。しかし任意の閉曲面上の面素では電界 $\boldsymbol{E}$ と面素の外向きの単位法線ベクトル $\boldsymbol{n}$ は必ずしも同じ向きではないので，電界 $\boldsymbol{E}$ の単位法線ベクトル $\boldsymbol{n}$ 方向成分を考える必要がある。$\boldsymbol{E}$ と $\boldsymbol{n}$ がなす角を θ とすると (図 1.14)，面素を通過する電気力線の本数 dN は，

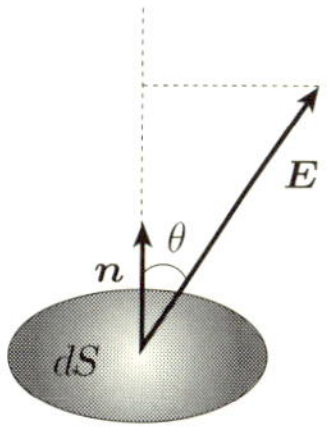

図1.14 面素ベクトル

$$dN = \boldsymbol{E}\cdot\boldsymbol{n}\,dS = E\cos\theta\,dS$$
$$= \frac{1}{4\pi\varepsilon_0}\frac{Q}{r^2}\cos\theta\,dS \qquad (1.20)$$

となる。ここで，$\cos\theta\,dS = dS'$ は電界 $\boldsymbol{E}$ に垂直な面 (つまり，点電荷を中心とした半径 r の球面) に面素を射影した面積を示している。

ここで，図 1.15 に示すように，dS' を底面とし点電荷の位置を頂点とする物体を考える (円錐をイメージしてよい)。このとき，閉曲面内に半径 1 の球面を考え，上記の物体と半径 1 の球面が鎖交する面積を $d\Omega$ とする。dS' と $d\Omega$ は下記の関係を満たすことがわかる。

$$\frac{d\Omega}{dS'} = \frac{1^2}{r^2} \qquad (1.21)$$

式 (1.20) を用いると，式 (1.21) は，

$$dN = \frac{1}{4\pi\varepsilon_0}Q\,d\Omega \qquad (1.22)$$

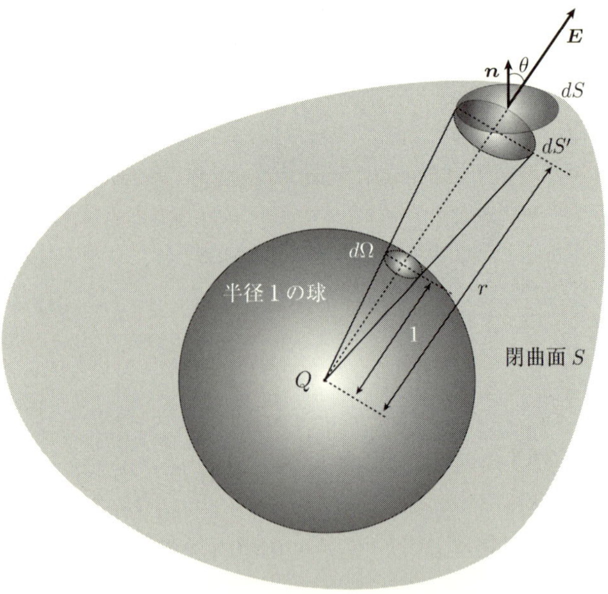

図1.15　閉曲面に取り囲まれた点電荷

となる。$d\Omega$ は半径 1 の球面の面素であるので，全球面に渡って積分すると，半径 1 の球面の面積 4π となる。よって，式 (1.22) を全球面に渡って積分すると，

$$\oint_S dN = \oint_S \boldsymbol{E}\cdot\boldsymbol{n}\,dS = \oint_S \frac{1}{4\pi\varepsilon_0}Q\,d\Omega = \frac{1}{4\pi\varepsilon_0}Q\oint_S d\Omega = \frac{Q}{\varepsilon_0} \tag{1.23}$$

が得られる。よって，

$$\oint_S \boldsymbol{E}\cdot\boldsymbol{n}\,dS = \frac{Q}{\varepsilon_0} \tag{1.24}$$

である。ここで面素ベクトル $d\boldsymbol{S} = \boldsymbol{n}\,dS$ を用いると，

$$\oint_S \boldsymbol{E}\cdot d\boldsymbol{S} = \frac{Q}{\varepsilon_0} \tag{1.25}$$

となる。

次に，閉曲面内に複数の点電荷が存在する場合を考える。それぞれの電荷を Q_1，Q_2，$\cdots$，Q_N とし，各電荷が閉曲面上のある面素につくる電界を $\boldsymbol{E}_1$，$\boldsymbol{E}_2$，$\cdots$，$\boldsymbol{E}_N$ とする。合成電界は，

$$\boldsymbol{E} = \boldsymbol{E}_1 + \boldsymbol{E}_2 + \cdots + \boldsymbol{E}_N \tag{1.26}$$

となるので，合成電界 $\boldsymbol{E}$ の全球面に渡る積分は，

$$\oint_S \boldsymbol{E}\cdot d\boldsymbol{S} = \oint_S \boldsymbol{E}_1\cdot d\boldsymbol{S} + \oint_S \boldsymbol{E}_2\cdot d\boldsymbol{S} + \cdots \oint_S \boldsymbol{E}_N\cdot d\boldsymbol{S} \tag{1.27}$$

となる。ここで，式 (1.27) より，

$$\oint_S \boldsymbol{E}_i \cdot d\boldsymbol{S} = \frac{Q_i}{\varepsilon_0} \qquad i = 1, 2, \cdots, N \tag{1.28}$$

であるので，

$$\oint_S \boldsymbol{E} \cdot d\boldsymbol{S} = \frac{1}{\varepsilon_0}(Q_1 + Q_2 + \cdots + Q_N) = \frac{1}{\varepsilon_0}\sum_{i=1}^{N} Q_i \tag{1.29}$$

が成立する。これを，積分形の**ガウスの法則** (Gauss′ law) という。

例題 1.1　半径 a [m] の球殻が電荷 Q [C] で一様に帯電している場合，球殻内外の電界 $\boldsymbol{E}$ [N/C] を求めなさい。

［解］　球殻と同心の半径 r ($\geq a$) の仮想的な球面 (**ガウス面**という) を考え (図 1.16)，その面上の電界を $\boldsymbol{E}$ とする。球面内には電荷 Q [C] が存在するので，ガウスの法則より，

$$\oint_S \boldsymbol{E} \cdot d\boldsymbol{S} = \frac{Q}{\varepsilon_0}$$

が成り立つ。対称性から，電界 $\boldsymbol{E}$ と球面は直交しているので，

$$\oint_S \boldsymbol{E} \cdot d\boldsymbol{S} = \oint_S E\, dS = 4\pi r^2 E$$

となる。よって，$r \geq a$ のとき，

$$E = \frac{1}{4\pi\varepsilon_0}\frac{Q}{r^2}$$

が得られる。

一方，$r < a$ のとき，仮想球面内には電荷 Q [C] はない (球殻であることに注意)。よって，

$$\oint_S \boldsymbol{E} \cdot d\boldsymbol{S} = \oint_S E\, dS = 4\pi r^2 E = 0$$

であり，$E = 0$ となる。

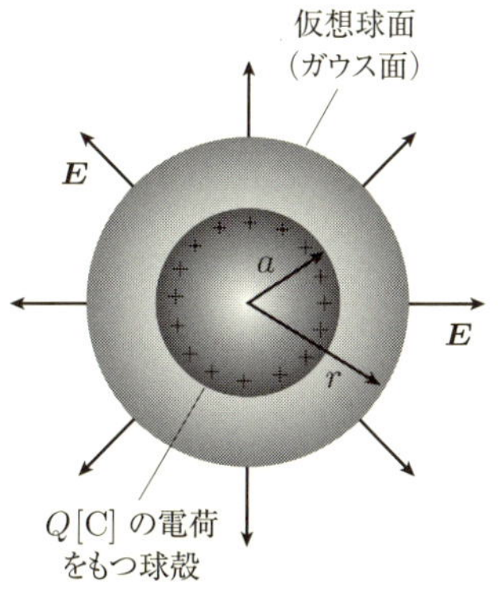

図1.16　ガウス面

1.5 電　　位

x 方向に一様な電界 $\boldsymbol{E} = E_x\hat{\boldsymbol{i}}$ が存在する場合を考える。x 軸上のある点 x_{A}(任意の基準点) に試験電荷 q [C] を置くと，試験電荷は $\boldsymbol{F} = qE_x\hat{\boldsymbol{i}}$ の 静電気力を受ける。この静電気力とつり合う反対方向の外力 $-\boldsymbol{F} = -qE_x\hat{\boldsymbol{i}}$ により (準静的に)* 仕事をし，試験電荷を x_{B} 点まで移動させる。このとき外力がした仕事 U [J] が電界での位置エネルギーとして試験電荷に蓄えられる。このとき，U [J] を試験電荷の電気量 q [C] で除したスカラー量を基準点 A に対する点 B の**電位** (electric potential) ϕ といい，

$$\phi = \frac{U}{q} \tag{1.30}$$

で定義される。電位の単位には**ボルト** [V] を用いる。電位の基準 ($\phi = 0$) は無限遠にとることが多い。2 点 x_{A}，x_{B} の電位がそれぞれ $\phi(x_{\mathrm{A}})$，$\phi(x_{\mathrm{B}})$ で与えられているとき，その差

$$V_{\mathrm{BA}} = \phi(x_{\mathrm{B}}) - \phi(x_{\mathrm{A}}) \tag{1.31}$$

を**電位差** (potential difference) または，**電圧** (voltage) という。

* 準静的過程とは熱力学的平衡を保ったまま，ある状態から別の状態にゆっくり変化させることを意味する。ここでは，静電気力と外力がつり合った状態 (平衡状態) で，試験電荷をゆっくりと移動させることに対応している。

電界 $\boldsymbol{E}(x, y, z)$ が存在する 3 次元空間を考え，点 A から点 B まで試験電荷 q を運ぶために必要な仕事を計算する。図 1.17 に示すように，試験電荷がある位置での電界を $\boldsymbol{E}$ とし，点 A から点 B までの径路に沿った微小変位 dr を考える。この微小変位は方向をもつので，ベクトル $d\boldsymbol{r}$ と表記する。このベクトルを**線素ベクトル**という。電界による静電気力 $q\boldsymbol{E}$ に逆らって，dr だけ試験電荷を動かすために必要な仕事 dU は，

$$dU = -q\boldsymbol{E} \cdot d\boldsymbol{r} \tag{1.32}$$

となる。この dU を点 A から点 B まで径路に沿って足しあわせると，点 A から点 B まで試験電荷を動かすために必要な仕事 U が得られる。

$$U = -\int_A^B q\boldsymbol{E} \cdot d\boldsymbol{r} \tag{1.33}$$

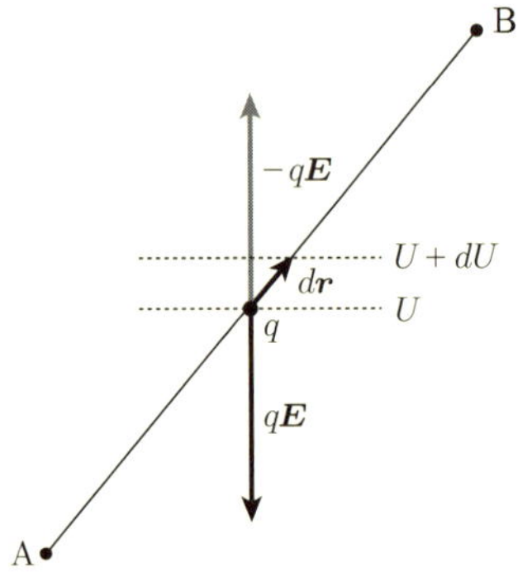

図1.17 径路に沿った仕事

この積分を**径路積分**という。点 A と点 B の電位差 (電圧) は，式 (1.33) を q で割れば得られる。よって，

$$\phi(\mathrm{B}) - \phi(\mathrm{A}) = -\int_{\mathrm{A}}^{\mathrm{B}} \boldsymbol{E} \cdot d\boldsymbol{r} \tag{1.34}$$

となる。ここで，点 A を無限遠にとり，そこでの電位を 0 とする。また，点 B の位置を位置ベクトル $\boldsymbol{r}$ で表すと，無限遠を電位の基準 (0) とした，位置 $\boldsymbol{r}$ の電位 $\phi(\boldsymbol{r})$ は，

$$\phi(\boldsymbol{r}) = -\int_{\infty}^{r} \boldsymbol{E} \cdot d\boldsymbol{r} \tag{1.35}$$

と書くことができる。

式 (1.35) では電界と電位の関係が積分形で表されているが，微分形を用いて定義してみよう。式 (1.32) から，径路に沿って dr だけ試験電荷を動かすために必要な仕事 dU は $dU = -q\boldsymbol{E} \cdot d\boldsymbol{r}$ であるので，この微小変位に伴う電位差 $d\phi$ は dU を q で割って，

$$d\phi = -\boldsymbol{E} \cdot d\boldsymbol{r} \tag{1.36}$$

となる。これを $\boldsymbol{E} = (E_x, E_y, E_z)$, $d\boldsymbol{r} = (dx, dy, dz)$ を用いて成分表示すると，

$$d\phi = -(E_x\,dx + E_y\,dy + E_z\,dz) \tag{1.37}$$

となる。一方，$d\phi$ を全微分で表すと，

$$d\phi = \frac{\partial \phi}{\partial x}\,dx + \frac{\partial \phi}{\partial y}\,dy + \frac{\partial \phi}{\partial z}\,dz \tag{1.38}$$

となる。ここで，

$$\frac{\partial \phi}{\partial x}, \qquad \frac{\partial \phi}{\partial y}, \qquad \frac{\partial \phi}{\partial z}$$

は偏微分を表す。式 (1.37) と式 (1.38) を比較すると，

$$-E_x = \frac{\partial \phi}{\partial x}, \qquad -E_y = \frac{\partial \phi}{\partial y}, \qquad -E_z = \frac{\partial \phi}{\partial z} \tag{1.39}$$

が得られる。これを用いて，電界 $\boldsymbol{E}$ を表すと，

$$\boldsymbol{E} = (E_x, E_y, E_z) = -\left(\frac{\partial \phi}{\partial x}, \frac{\partial \phi}{\partial y}, \frac{\partial \phi}{\partial z}\right) \tag{1.40}$$

となる。ここで，ベクトル $\boldsymbol{\nabla}$ を下記のように定義する。

$$\boldsymbol{\nabla} = \left(\frac{\partial}{\partial x}, \frac{\partial}{\partial y}, \frac{\partial}{\partial z}\right) \tag{1.41}$$

$\boldsymbol{\nabla}$ (ナブラという) は**微分演算子ベクトル**であり，スカラー関数の勾配を与える。これを用いると，電界 $\boldsymbol{E}$ は

$$\boldsymbol{E} = -\boldsymbol{\nabla}\phi \tag{1.42}$$

と簡潔に書くことができる。これは，電界と電位の関係を微分形で表している。また，英語の gradient(**勾配**) から，

$$\boldsymbol{E} = -\mathrm{grad}\,\phi \tag{1.43}$$

と書く場合もある。さらに，式 (1.42) から電界の単位として [N/C] のかわりに [V/m] も用いることができることがわかる。

ここで，電位が一定の面 (等電位面) について考える。等電位面に沿って試験電荷を動かしても，電位は変化しない。そのため $d\phi = 0$ である。よって，$d\phi = -\boldsymbol{E}\cdot d\boldsymbol{r} = 0$ となり，$\boldsymbol{E} \perp d\boldsymbol{r}$ となる。$d\boldsymbol{r}$ は等電位面上のベクトルであるので，電界 $\boldsymbol{E}$ は等電位面に垂直であることがわかる。

例題 1.2 空間に $\boldsymbol{E} = (-200, -100, 0)$ [V/m] の一様な電界が存在するとき，下記の問いに答えよ (図 1.18)。

(1) 電界の大きさを求めなさい。

(2) 試験電荷 q[C] を原点 O $(0, 0, 0)$ [m] から点 P $(2, 4, 0)$ [m] まで，径路 1，2，3 に沿って運ぶときに外力が試験電荷にする仕事 U_1, U_2, U_3 を求めなさい。

(3) 原点の電位を 0 とするとき，点 P の電位を求めなさい。

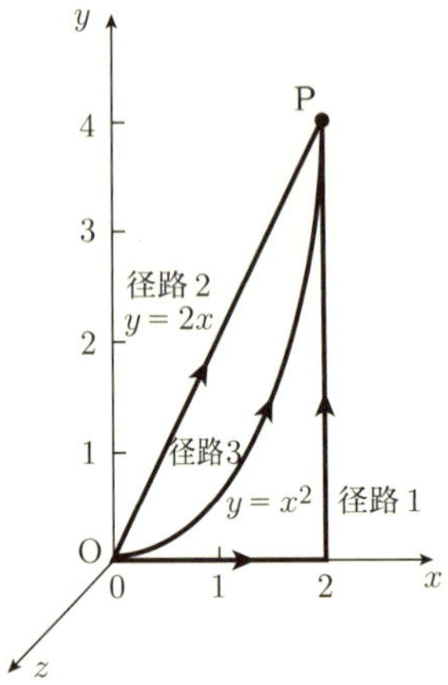

図1.18 原点から点 P までの径路

[解] (1) 電界の大きさ E [V/m] は

$$E = |\boldsymbol{E}| = \sqrt{\boldsymbol{E}\cdot\boldsymbol{E}}$$
$$= \sqrt{(-200)^2 + (-100)^2 + 0^2}$$
$$= 2.23 \times 10^2 \quad \text{V/m}$$

(2) 原点 O から点 P まで試験電荷を動かすために必要な仕事 U [J] は，

$$U = -\int_{\mathrm{O}}^{\mathrm{P}} q\boldsymbol{E}\cdot d\boldsymbol{r}$$

である。ここで，$\boldsymbol{E} = (-200, -100, 0)$ [V/m]，$d\boldsymbol{r} = (dx, dy, dz)$ [m] を用いる。

径路 1 の場合は，

$$U_1 = -q\int_0^2 (-200)\,dx - q\int_0^4 (-100)\,dy = 800q \text{ [J]}$$

となる。

径路 2 の場合は $y = 2x$ であるので，$dy = 2\,dx$ を用いると

$$U_2 = -q\int_{\mathrm{O}}^{\mathrm{P}}\big((-200)\,dx + (-100)\,dy\big)$$
$$= -q\int_0^2\big((-200)\,dx + (-100)(2\,dx)\big)$$
$$= -q\int_0^2(-400)\,dx = 800q\ [\mathrm{J}]$$

となる。

径路 3 の場合は $y = x^2$ であるので，$dy = 2x\,dx$ を用いると

$$U_3 = -q\int_{\mathrm{O}}^{\mathrm{P}}\big((-200)\,dx + (-100)\,dy\big)$$
$$= -q\int_0^2\big((-200)\,dx + (-100)(2x\,dx)\big)$$
$$= -q\int_0^2(-200 - 200x)\,dx = 800q\ [\mathrm{J}]$$

となる。

以上の結果より，重力と同じく静電気力に対する仕事は径路によらないことがわかる。これは一般的に成立する。このような力を**中心力**という。

(3)　(2) で求めた仕事を q で割り算すればよいので，

$$800q/q = 800\ \mathrm{V}$$

となり，点 P の電位は 800 V である。

1.6　電界と電位の関係

電界はベクトル，電位はスカラーであり，また，式 (1.42) で与えられるように電界は電位の下り勾配であることをこれまで述べた。この節では具体的な例で，電界と電位の関係を見ていこう。

1.6.1　点電荷の場合

式 (1.8) より，点電荷 Q [C] から距離 r [m] の地点の電界 $\boldsymbol{E}$ [V/m] は，

$$\boldsymbol{E} = \frac{1}{4\pi\varepsilon_0}\frac{Q}{r^2}\hat{\boldsymbol{r}}$$

で表される。$\hat{\boldsymbol{r}}$ は点電荷から放射状の方向の単位ベクトルである。式 (1.35) において経路積分の方向を $\hat{\boldsymbol{r}}$ と同じ方向にとると，

$$\phi(r) = -\int_{\infty}^{r}\frac{1}{4\pi\varepsilon_0}\frac{Q}{r^2}\,dr = \frac{1}{4\pi\varepsilon_0}\frac{Q}{r}$$

が得られる。これは点電荷 Q [C] から距離 r の地点での電位 $\phi(r)$ [V] を表す。

点 P から，距離 r_1, r_2, r_3 の位置に点電荷 Q_1 [C]，点電荷 Q_2 [C]，点電荷 Q_3 [C] があるとき，点 P での電位 ϕ は，

$$\phi = \frac{1}{4\pi\varepsilon_0}\frac{Q_1}{r_1} + \frac{1}{4\pi\varepsilon_0}\frac{Q_2}{r_2} + \frac{1}{4\pi\varepsilon_0}\frac{Q_3}{r_3}$$

で与えられる。電位はスカラー量であり，そのまま足し合わせることができることに注意しよう。

1.6.2　電気双極子

図 1.19 のように，距離 $2a$ [m] 離れて，$+Q$ [C]，$-Q$ [C] の点電荷が点 P_1 $(a, 0, 0)$，点 P_2 $(-a, 0, 0)$ に置かれている。そのとき，点 $P(x, y, z)$ での電界を求める。$+Q$ [C]，$-Q$ [C] がつくる電界を $\boldsymbol{E}_1 = (E_{x1}, E_{y1}, E_{z1})$ [V/m] と $\boldsymbol{E}_2 = (E_{x2}, E_{y2}, E_{z2})$ [V/m] とすると，式 (1.15)〜(1.17) を用いて

$$E_{x1} = \frac{1}{4\pi\varepsilon_0}\frac{Q(x-a)}{\left\{(x-a)^2+y^2+z^2\right\}^{\frac{3}{2}}}$$

$$E_{y1} = \frac{1}{4\pi\varepsilon_0}\frac{Qy}{\left\{(x-a)^2+y^2+z^2\right\}^{\frac{3}{2}}}$$

$$E_{z1} = \frac{1}{4\pi\varepsilon_0}\frac{Qz}{\left\{(x-a)^2+y^2+z^2\right\}^{\frac{3}{2}}}$$

$$E_{x2} = \frac{1}{4\pi\varepsilon_0}\frac{-Q(x+a)}{\left\{(x+a)^2+y^2+z^2\right\}^{\frac{3}{2}}}$$

$$E_{y2} = \frac{1}{4\pi\varepsilon_0}\frac{-Qy}{\left\{(x+a)^2+y^2+z^2\right\}^{\frac{3}{2}}}$$

$$E_{z2} = \frac{1}{4\pi\varepsilon_0}\frac{-Qz}{\left\{(x+a)^2+y^2+z^2\right\}^{\frac{3}{2}}}$$

となる。よって，合成電界 $\boldsymbol{E} = \boldsymbol{E}_1 + \boldsymbol{E}_2 = (E_x, E_y, E_z)$ は，

$$E_x = \frac{1}{4\pi\varepsilon_0}\left[\frac{Q(x-a)}{\{(x-a)^2+y^2+z^2\}^{\frac{3}{2}}} + \frac{-Q(x+a)}{\{(x+a)^2+y^2+z^2\}^{\frac{3}{2}}}\right] \tag{1.44}$$

$$E_y = \frac{1}{4\pi\varepsilon_0}\left[\frac{Qy}{\{(x-a)^2+y^2+z^2\}^{\frac{3}{2}}} + \frac{-Qy}{\{(x+a)^2+y^2+z^2\}^{\frac{3}{2}}}\right] \tag{1.45}$$

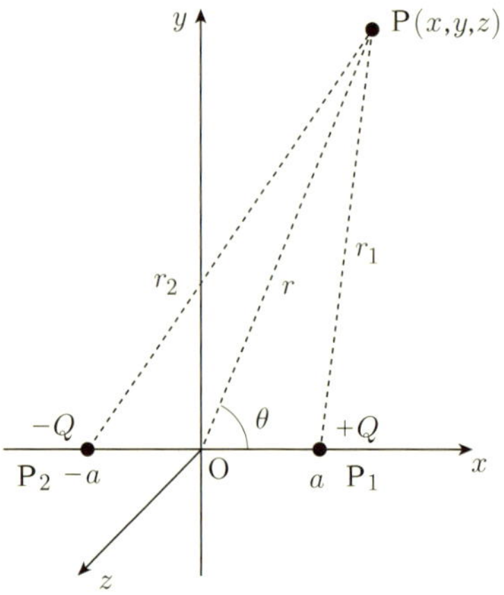

図1.19　電気双極子

$$E_z = \frac{1}{4\pi\varepsilon_0}\left[\frac{Qz}{\{(x-a)^2+y^2+z^2\}^{\frac{3}{2}}} + \frac{-Qz}{\{(x+a)^2+y^2+z^2\}^{\frac{3}{2}}}\right] \tag{1.46}$$

で与えられる。次に，$+Q$ [C]，$-Q$ [C] がつくる電位を ϕ_1 [V] と ϕ_2 [V] とすると，電位はスカラー量で足しあわせることができるので，

$$\begin{aligned}\phi &= \phi_1 + \phi_2 \\ &= \frac{1}{4\pi\varepsilon_0}\left[\frac{Q}{\{(x-a)^2+y^2+z^2\}^{\frac{1}{2}}} + \frac{-Q}{\{(x+a)^2+y^2+z^2\}^{\frac{1}{2}}}\right]\end{aligned} \tag{1.47}$$

となる。このとき，式 (1.40) より，

$$\boldsymbol{E} = (E_x, E_y, E_z) = -\left(\frac{\partial\phi}{\partial x}, \frac{\partial\phi}{\partial y}, \frac{\partial\phi}{\partial z}\right)$$

であるので，式 (1.47) を偏微分し，$-$ を付すことにより，式 (1.44)〜(1.46) の電界が得られることがわかる *。

* 複数の電荷による合成電界を求める方法
(1) それぞれの電荷による電位を求め，足しあわせる (スカラーの和)。その後，下り勾配 (電界) を計算する。
(2) それぞれの電荷による電界を求め，足しあわせる (ベクトルの和)。

次に，原点 O と点 P との距離を r [m] として，線分 OP_1 と線分 OP がなす角を θ [rad] とする。線分 P_1P の長さを r_1 [m]，線分 P_2P の長さを r_2 [m] とすると，余弦定理より

$$r_1 = \sqrt{r^2 + a^2 - 2ra\cos\theta} \tag{1.48}$$

$$r_2 = \sqrt{r^2 + a^2 + 2ra\cos\theta} \tag{1.49}$$

となる。よって，点 P での電位 ϕ [V] は，

$$\begin{aligned}\phi &= \frac{Q}{4\pi\varepsilon_0}\left(\frac{1}{r_1} - \frac{1}{r_2}\right) \\ &= \frac{Q}{4\pi\varepsilon_0}\left(\frac{1}{\sqrt{r^2+a^2-2ra\cos\theta}} - \frac{1}{\sqrt{r^2+a^2+2ra\cos\theta}}\right)\end{aligned} \tag{1.50}$$

で与えられる。$r \gg a$ のとき，a/r で展開すると，

$$\begin{aligned}\phi &= \frac{Q}{4\pi\varepsilon_0 r}\left\{\left(1+\left(\frac{a}{r}\right)^2 - 2\left(\frac{a}{r}\right)\cos\theta\right)^{-\frac{1}{2}} - \left(1+\left(\frac{a}{r}\right)^2 + 2\left(\frac{a}{r}\right)\cos\theta\right)^{-\frac{1}{2}}\right\} \\ &\simeq \frac{Q}{4\pi\varepsilon_0 r}\left\{\left(1-\frac{1}{2}\left(\frac{a}{r}\right)^2 + \left(\frac{a}{r}\right)\cos\theta\right) - \left(1-\frac{1}{2}\left(\frac{a}{r}\right)^2 - \left(\frac{a}{r}\right)\cos\theta\right)\right\} \\ &= \frac{Q2a\cos\theta}{4\pi\varepsilon_0 r^2} = \frac{Qa\cos\theta}{2\pi\varepsilon_0 r^2}\end{aligned}$$

* $(1+x)^\alpha \fallingdotseq 1+\alpha x$
($|x| \ll 1$ の時) を用いて

$$\Big(1+\underbrace{\left(\frac{a}{r}\right)^2-2\left(\frac{a}{r}\right)\cos\theta}_{\text{微小量}}\Big)^{-\frac{1}{2}}$$

$$\fallingdotseq 1-\frac{1}{2}\left\{\left(\frac{a}{r}\right)^2-2\left(\frac{a}{r}\right)\cos\theta\right\}$$

と展開する。

となる。電界の r 成分，θ 成分 (付録 A の極座標を参照のこと) は，

$$E_r = -\frac{\partial\phi}{\partial r}, \qquad E_\theta = -\frac{1}{r}\frac{\partial\phi}{\partial\theta}$$

を用いると，

$$E_r = \frac{Qa\cos\theta}{\pi\varepsilon_0 r^3}, \qquad E_\theta = \frac{Qa\sin\theta}{2\pi\varepsilon_0 r^3}$$

となる。このように，正負の同じ電荷量の電荷が微小距離隔てて置かれた系を，**電気双極子** (electric dipole) という。孤立した点電荷の場合，電界の大き

さは距離の 2 乗に反比例して減少するが，電気双極子の場合は距離の 3 乗に反比例して減少することがわかる。

1.7 ベクトルの発散とガウスの法則の微分形

水の流れを考える。水の流れの速さと方向をベクトルで表す。水面を上方から見たとき，図 1.20(a) のように水の流れのベクトルが観測されれば，その中心点から水が湧き出していることがわかる。また，図 (b) のように見えれば，中心で水の吸い込みが起こっていることがわかる。このような，ベクトル界 (電界もその一つ) の湧き出しと吸い込みを数学的に表すことを考える。

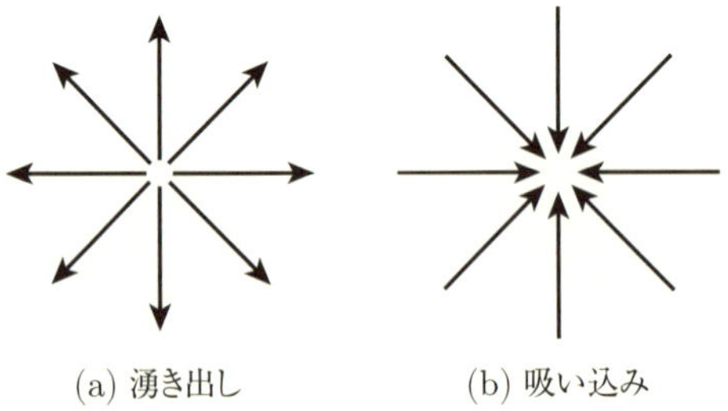

図1.20 ベクトル界の湧き出しと吸い込み

1.7.1 ガウスの発散定理

水の流れをベクトル $\boldsymbol{\Gamma} = (\Gamma_x, \Gamma_y, \Gamma_z)$ とし，水の中に仮想的に微小体積 $\Delta V = \Delta x \Delta y \Delta z$ をもつ立方体を考える (図 1.21)。x 方向の湧き出し量 P_x を計算すると，

$$
\begin{aligned}
P_x &= \Gamma_x(x + \Delta x, y, z)\Delta y \Delta z - \Gamma_x(x, y, z)\Delta y \Delta z \\
&= \frac{\Gamma_x(x + \Delta x, y, z) - \Gamma_x(x, y, z)}{\Delta x}\Delta x \Delta y \Delta z
\end{aligned}
$$

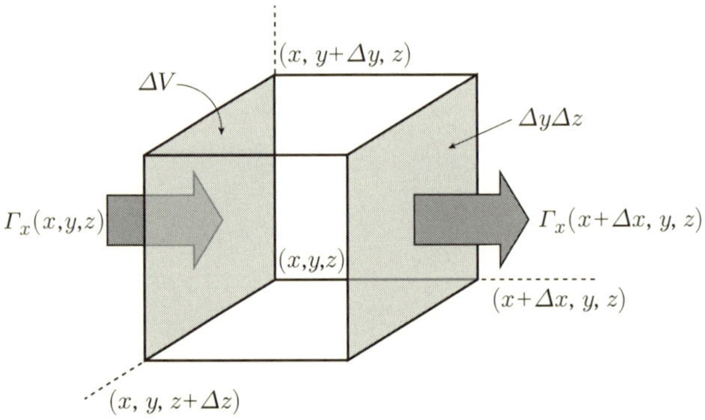

図1.21 微小体積の立方体からの湧き出し

$$= \frac{\mathit{\Gamma}_x(x+\Delta x, y, z) - \mathit{\Gamma}_x(x, y, z)}{\Delta x}\Delta V \tag{1.51}$$

となる。ここで，$\Delta x \to 0$ とすると，

$$P_x = \frac{\partial \mathit{\Gamma}_x}{\partial x}\Delta V \tag{1.52}$$

となる。同様に y 方向，z 方向の湧き出し量 P_y，P_z を求めると，それぞれ，

$$P_y = \frac{\partial \mathit{\Gamma}_y}{\partial y}\Delta V \tag{1.53}$$

$$P_z = \frac{\partial \mathit{\Gamma}_z}{\partial z}\Delta V \tag{1.54}$$

となる。よって，微小立方体からの湧き出し量は，

$$P_x + P_y + P_z = \left(\frac{\partial \mathit{\Gamma}_x}{\partial x} + \frac{\partial \mathit{\Gamma}_y}{\partial y} + \frac{\partial \mathit{\Gamma}_z}{\partial z}\right)\Delta V \tag{1.55}$$

となる。ここで，式 (1.55) を

$$\boldsymbol{\nabla} = \left(\frac{\partial}{\partial x}, \frac{\partial}{\partial y}, \frac{\partial}{\partial z}\right)$$

と内積を用いて書き表すと，

$$\begin{aligned} P_x + P_y + P_z &= \left(\frac{\partial}{\partial x}, \frac{\partial}{\partial y}, \frac{\partial}{\partial z}\right)\cdot(\mathit{\Gamma}_x, \mathit{\Gamma}_y, \mathit{\Gamma}_z)\,\Delta V \\ &= \boldsymbol{\nabla}\cdot\boldsymbol{\mathit{\Gamma}}\Delta V \end{aligned} \tag{1.56}$$

となる。この $\boldsymbol{\nabla}\cdot\boldsymbol{\mathit{\Gamma}}$ をベクトルの**発散**という。英語の divergence (発散) から，$\mathrm{div}\,\boldsymbol{\mathit{\Gamma}}$ とも記述する。$\boldsymbol{\nabla}\cdot\boldsymbol{\mathit{\Gamma}} > 0$ であれば，その場所で湧き出しがあることを意味し，また $\boldsymbol{\nabla}\cdot\boldsymbol{\mathit{\Gamma}} < 0$ であれば，吸い込みがあることを意味する。

今，水の中に閉曲面 S_0 を考える。このとき，この閉曲面を横切って流出する水量は面素ベクトル $d\boldsymbol{S}$ を用いて，

$$\oint_{S_0} \boldsymbol{\mathit{\Gamma}}\cdot d\boldsymbol{S} \tag{1.57}$$

と書くことができる。また各点での湧き出し量は $\boldsymbol{\nabla}\cdot\boldsymbol{\mathit{\Gamma}}$ であるので，閉曲面内で湧き出した水量は，閉曲面内の体積にわたって $\boldsymbol{\nabla}\cdot\boldsymbol{\mathit{\Gamma}}$ を積分することにより求めることができる。

$$\oint_{V_0} \boldsymbol{\nabla}\cdot\boldsymbol{\mathit{\Gamma}}\,dV \tag{1.58}$$

この閉曲面内から湧き出した水量は，閉曲面を横切って流出する水量と同じであるので，

$$\oint_{S_0} \boldsymbol{\mathit{\Gamma}}\cdot d\boldsymbol{S} = \oint_{V_0} \boldsymbol{\nabla}\cdot\boldsymbol{\mathit{\Gamma}}\,dV \tag{1.59}$$

という関係が得られる。これを**ガウスの発散定理**という。この定理を用いることにより，ベクトル界での面積積分と体積積分の変換が可能である。

1.7.2 微分形のガウスの法則

ガウスの発散定理を電界に適用すると，

$$\oint_{S_0} \boldsymbol{E} \cdot d\boldsymbol{S} = \oint_{V_0} \nabla \cdot \boldsymbol{E}\, dV \tag{1.60}$$

が得られる。今，閉曲面内の電荷の密度分布を ρ [C/m^3] とすると，閉曲面内の総電荷量 Q [C] は，体積積分を用いて，

$$Q = \oint_{V_0} \rho\, dV \tag{1.61}$$

となる。積分形のガウスの法則から，

$$\oint_{S_0} \boldsymbol{E} \cdot d\boldsymbol{S} = \frac{Q}{\varepsilon_0} = \frac{1}{\varepsilon_0} \oint_{V_0} \rho\, dV \tag{1.62}$$

となり，式 (1.60) と式 (1.62) を比較すると，下記の関係が得られる。

$$\oint_{V_0} \nabla \cdot \boldsymbol{E}\, dV = \frac{1}{\varepsilon_0} \oint_{V_0} \rho\, dV \tag{1.63}$$

これより，

$$\nabla \cdot \boldsymbol{E} = \frac{\rho}{\varepsilon_0} \tag{1.64}$$

という関係が得られる。これを**微分形のガウスの法則**という。正の電荷が存在する場合 $\nabla \cdot \boldsymbol{E} > 0$ となり，負の電荷が存在する場合 $\nabla \cdot \boldsymbol{E} < 0$ となる。これは，正の電荷からは電気力線が湧き出し，負の電荷には電気力線が吸い込まれることに対応する。

1.8 ポアソンの方程式とラプラスの方程式

式 (1.64) のガウスの法則の微分形と電界と電位の関係式 $\boldsymbol{E} = -\nabla\phi$ を用いると，電位 ϕ と電荷密度 ρ の関係を得ることができる。式 (1.64) に $\boldsymbol{E} = -\nabla\phi$ を代入すると，

$$\nabla \cdot \nabla\phi = -\frac{\rho}{\varepsilon_0} \tag{1.65}$$

となる。$\nabla \cdot \nabla\phi$ を成分表示すると，

$$\begin{aligned}
\nabla \cdot \nabla\phi &= \frac{\partial}{\partial x}(\nabla\phi)_x + \frac{\partial}{\partial y}(\nabla\phi)_y + \frac{\partial}{\partial z}(\nabla\phi)_z \\
&= \frac{\partial}{\partial x}\left(\frac{\partial\phi}{\partial x}\right) + \frac{\partial}{\partial y}\left(\frac{\partial\phi}{\partial y}\right) + \frac{\partial}{\partial z}\left(\frac{\partial\phi}{\partial z}\right) \\
&= \frac{\partial^2\phi}{\partial x^2} + \frac{\partial^2\phi}{\partial y^2} + \frac{\partial^2\phi}{\partial z^2} \\
&= \left(\frac{\partial^2}{\partial x^2} + \frac{\partial^2}{\partial y^2} + \frac{\partial^2}{\partial z^2}\right)\phi
\end{aligned} \tag{1.66}$$

となる。ここで，**ラプラシアン** $\boldsymbol{\Delta}$ を下記のように定義する。

$$\boldsymbol{\Delta} \equiv \nabla \cdot \nabla = \frac{\partial^2}{\partial x^2} + \frac{\partial^2}{\partial y^2} + \frac{\partial^2}{\partial z^2} \tag{1.67}$$

式 (1.65) はラプラシアン $\boldsymbol{\Delta}$ を用いて書くと

$$\boldsymbol{\Delta}\phi = -\frac{\rho}{\varepsilon_0} \tag{1.68}$$

が得られる。これは，電荷と電位の関係を示し，**ポアソンの方程式** (Poisson′s equation) とよばれる。また特に電荷が 0 の場合，

$$\Delta\phi = 0 \tag{1.69}$$

となり，これを**ラプラスの方程式** (Laplace′s equation) という。

演習問題 1

1.1 電界が $\boldsymbol{E}_1 = (10, 20, 30)$ [V/m]，$\boldsymbol{E}_2 = (20, -40, 20)$ [V/m] で与えられるとき，以下の問いに答えよ。

(1) $\boldsymbol{E}_1$ と $\boldsymbol{E}_2$ の合成電界 $\boldsymbol{E}$ を求めよ。

(2) 合成電界 $\boldsymbol{E}$ の大きさを求めよ。

(3) $\boldsymbol{E}_1$ と $\boldsymbol{E}_2$ がなす角を求めよ。

＊電界 $\boldsymbol{E}$ の単位は [N/C] もしくは [V/m] である。演習問題では [V/m] を用いた。

1.2 1 辺の長さが 1 m の正三角形の 2 頂点に正負の点電荷 q [C] と $-q$ [C] が置かれている。もう 1 つの頂点における電界の大きさを求めよ。

1.3 1.5×10^{-6} C と -3.0×10^{-6} C に帯電した 2 つの帯電体が 1.0 m 離れて置かれている。電界 $\boldsymbol{E}$ [V/m] の大きさが 0 となる位置を求めよ。

1.4 一直線上に距離 a [m] をへだてて q_1, q_2, q_3 [C] の 3 つの点電荷がある。

(1) それぞれの電荷にはたらく力を求めよ。

(2) 3 つの電荷にはたらく力がつり合い，それぞれの電荷にはたらく力が 0 となるためには，q_1, q_2, q_3 をどのようにえらべばよいか。

1.5 電界 $\boldsymbol{E} = (-x^2 - y^2, -2xy, 0)$ [V/m] のとき，以下の問いに答えなさい。

(1) 電荷量 1 C の電荷を直線 $y = 2x$ に沿って，点 (0, 0, 0) [m] から点 (2, 4, 0) [m] まで移動させるのに必要な仕事を求めよ。

(2) 電荷量 1 C の電荷を放物線 $y = x^2$ に沿って，点 (0, 0, 0) [m] から点 (2, 4, 0) [m] まで移動させるのに必要な仕事を求めよ。

1.6 次のスカラー関数の勾配を求めよ。ただし，$\boldsymbol{r}$ は位置ベクトル $\boldsymbol{r} = (x, y, z)$ であり，$r = |\boldsymbol{r}|$ である。

(1) $f(x, y, z) = yz + zx + xy$

(2) $f(x, y, z) = r$

(3) $f(x, y, z) = \dfrac{1}{r}$

1.7 半径 a [m] の球内に電荷 Q [C] が一様に分布しているとき，半径 r (球の内外) に生じる電界 $\boldsymbol{E}$ の大きさを求めよ (ガウスの法則を用いる)。

2 導体系の静電界と静電エネルギー

前章では，真空中の静電界について学んだ。本章では，帯電した導体の内部，表面の電界と電位，ならびにコンデンサなどの導体系の静電容量について学習する。また，静電エネルギーと帯電体間にはたらく力の関係についても学ぶ。

2.1 帯電体の性質

導体 (conductor) は，電気をよく通す物質である。導体内には，多くの**自由電子** (free electron) が存在し電気を運ぶ。導体に電荷を与えた場合，最終的にどのような静止状態となるか考えてみよう。電荷が導体内部にあるとき，そのまわりにガウス面を考えてガウスの法則を適用すると，導体内部には電界が存在することがわかる (図 2.1)。導体内部に電界が存在すれば，電荷は移動を続ける。そのため，導体内に電荷がない状態が達成されるまで電荷は移動する。つまり，すべての電荷は導体の表面のみに分布し，導体内部には電荷は存在しない。よって，導体内部の電界の大きさは 0 となる。また，電界の大きさが 0 であるということは，電位の傾きが存在しないということなので，導体内部は等電位となる (後ほど学ぶ導体内に電流が流れている場合 (電荷が移動してい

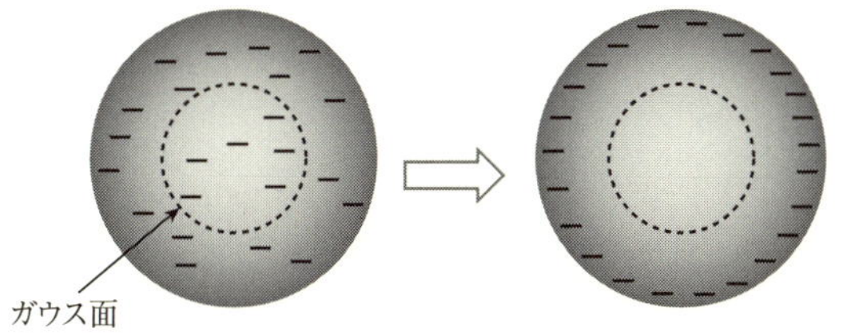

図2.1 導体中の電荷分布

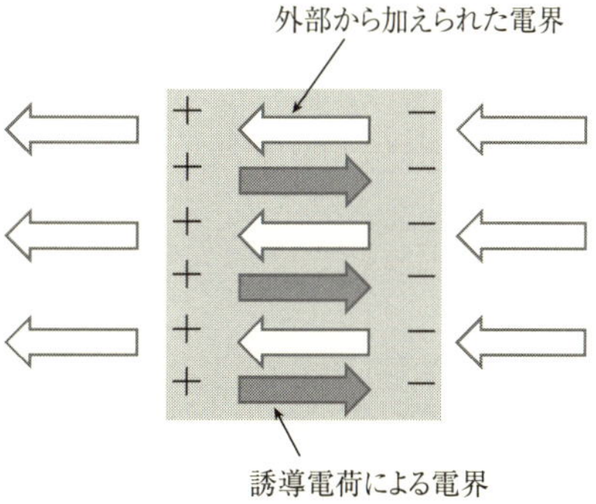

図2.2 誘導電荷による電界の打ち消し

る場合) は，導体内の電界は 0 でないことに注意)。

次に，帯電していない導体を静電界中に置いたときを考えてみよう (図 2.2)。導体の内部の電界は 0 でなければならないので，外部から加えられた静電界を打ち消すための電界を導体内部につくるために導体中の電荷は導体表面に移動し分布する。これは 1.3 節で述べた静電誘導と関連している。帯電体がつくる電界が導体内部に侵入しないように (導体内部の合成電界の大きさが 0 となるように)，導体内の電荷が移動して表面に分布する。

2.2 導体表面の電界

広い平板導体の表面に電荷が一様に分布した場合の，導体表面の電界を求めよう。ここでは単位面積あたりの電荷量を σ [C/m^2] とする。導体内は等電位であるので表面も等電位である。電界は等電位面に垂直であるので，導体板表面に平行方向の電界の大きさ E_t [V/m] は，

$$E_\mathrm{t} = 0 \tag{2.1}$$

となる。

次に導体板表面に垂直な方向の電界の大きさ E_n [V/m] を考える。図 2.3 のように，真空中と導体中を横断するように断面積 S [m^2] の円筒形のガウス面を考えると，ガウス面内の電荷量は $Q = \sigma S$ [C] となり，式 (1.29) より，

$$\oint_S \boldsymbol{E} \cdot d\boldsymbol{S} = \frac{\sigma S}{\varepsilon_0} \tag{2.2}$$

となる。円筒の高さが十分に小さいとすると $E_\mathrm{t} = 0$ であるので，円筒側面の電界の面積分は 0 となる。また，導体中の電界は 0 であるので，円筒底面の電界の面積分も 0 である。よって，円筒上面のみが値をもち，上面と電界は垂直であるので，

$$\oint_S \boldsymbol{E} \cdot d\boldsymbol{S} = \oint_S E_\mathrm{n}\, dS = E_\mathrm{n} \oint_S dS = E_\mathrm{n} S = \frac{\sigma S}{\varepsilon_0} \tag{2.3}$$

となり，導体表面に垂直な電界の大きさは，

$$E_\mathrm{n} = \frac{\sigma}{\varepsilon_0} \tag{2.4}$$

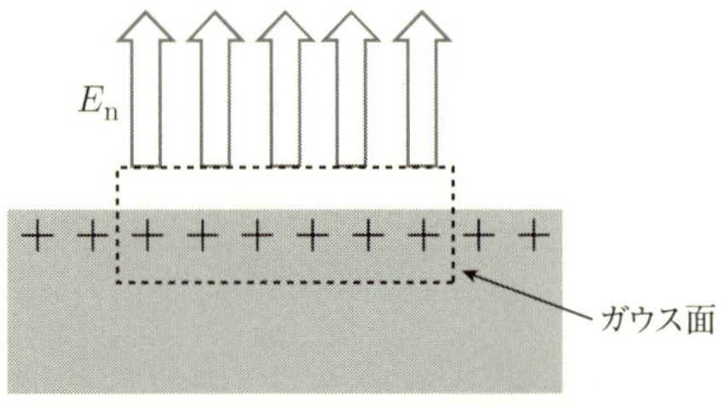

図2.3 導体表面の電界

となる。

平板の導体を仮定したが，断面積 S [m^2] を十分に小さくとれば，すべての曲率の面に対して同様の議論が可能であり，導体面上の電界の向きは導体面に垂直であり，電界の大きさは電荷面密度 σ [C/m^2] を真空の誘電率 ε_0 で除した値で決まる。

2.3 静 電 容 量

半径 a [m] の導体球に電荷 Q [C] を与えると，導体球の中心からの距離 r $(\geq a)$ での電界 $E(r)$ はガウスの法則を用いることにより，

$$E(r) = \frac{1}{4\pi\varepsilon_0}\frac{Q}{r^2} \tag{2.5}$$

で与えられる。無限遠の電位が $\phi(\infty) = 0$ V のとき，導体球表面の電位 $\phi(a)$ [V] は，

$$\phi(a) = -\int_{\infty}^{a} E\,d\boldsymbol{r} = \frac{1}{4\pi\varepsilon_0}\frac{Q}{a} \tag{2.6}$$

となる。電圧 $V = \phi(a) - \phi(\infty)$ を用いると，式 (2.6) は，

$$\frac{Q}{V} = 4\pi\varepsilon_0 a \tag{2.7}$$

となり，Q/V は導体の形状に依存する定数となる。これを**静電容量** (electrostatic capacity) といい，$C = Q/V$，単位は F (ファラッド) である。このとき，静電容量 C [F] は無限遠を電位の基準として導体球に電圧を与えたとき，電圧 1 V あたり蓄えられる電荷を表している。孤立した導体球の場合，半径に比例して多くの電荷が蓄えられることがわかる。

2.3.1 コンデンサ

それぞれ $+Q$ [C], $-Q$ [C] に帯電した 2 つの導体 A, B があり，導体間の電位差を V_{AB} [V] とすると，この一対の導体の静電容量 C_{AB} [F] は，

$$C_{\mathrm{AB}} = \frac{Q}{V_{\mathrm{AB}}} \tag{2.8}$$

と定義することができる。このような対になった導体を，**コンデンサ** (condenser)，もしくは**キャパシタ** (capacitor) という。

面積 S [m^2] の 2 枚の平板導体を図 2.4 のように平行に配置 (導体間の距離 d [m]) し，それぞれに電荷 $+Q$ [C], $-Q$ [C] を与える。ただし，平板導体の大き

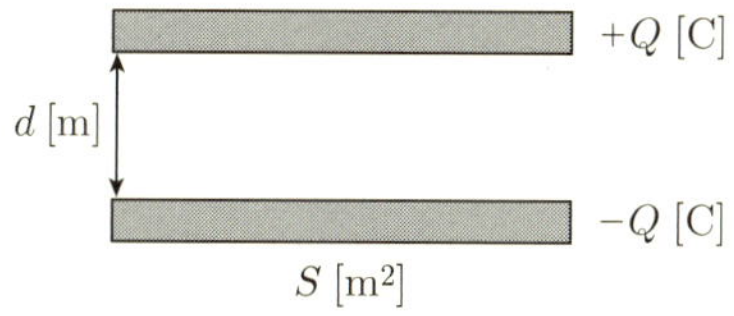

図2.4 平行平板コンデンサ

さは電極間距離に比べて十分に大きいとする。これを**平行平板コンデンサ**という。このとき，表面電荷密度 $\sigma = Q/S$ [C/m^2] であるので，導体間の電界 E [V/m] の大きさは，式 (2.4) より，

$$E = \frac{\sigma}{\varepsilon_0} = \frac{Q}{\varepsilon_0 S} \tag{2.9}$$

で与えられる。導体間の電位差 V[V] は，

$$V = -\int_0^d \boldsymbol{E} \cdot d\boldsymbol{r} = \frac{Q}{\varepsilon_0 S} d \tag{2.10}$$

となる。よって静電容量は，

$$C = \frac{Q}{V} = \frac{\varepsilon_0 S}{d} \tag{2.11}$$

となる。平行平板コンデンサの静電容量は導体の面積 S [m^2] に比例し，導体間距離 d [m] に反比例する。

2.4 導体系の電荷と電位との関係

空間に存在する n 個の導体が，それぞれの電荷量 Q_1[C], Q_2[C], $\ldots$, Q_n[C] の電荷をもつとき，個々の導体の電位 ϕ_1[V], ϕ_2[V], $\ldots$, ϕ_n[V] は次のように書くことができる。

$$\begin{aligned}
\phi_1 &= p_{11}Q_1 + p_{12}Q_2 + p_{13}Q_3 + \cdots + p_{1n}Q_n \\
\phi_2 &= p_{21}Q_1 + p_{22}Q_2 + p_{23}Q_3 + \cdots + p_{2n}Q_n \\
\phi_3 &= p_{31}Q_1 + p_{32}Q_2 + p_{33}Q_3 + \cdots + p_{3n}Q_n \\
&\cdots\cdots\cdots \\
\phi_n &= p_{n1}Q_1 + p_{n2}Q_2 + p_{n3}Q_3 + \cdots + p_{nn}Q_n
\end{aligned} \tag{2.12}$$

ここで，それぞれ電荷量の比例係数 p_{ij} は**電位係数**といい，導体の形状と位置のみで決まる値である。よって，導体の形状と位置から電位係数を求めておくことにより，簡単に複数の導体で構成される導体系の各導体の電位を計算することができる。

例題 2.1 図 2.5 のように半径 a [m] の導体球 1 と半径 b [m] の導体球 2 が中心間

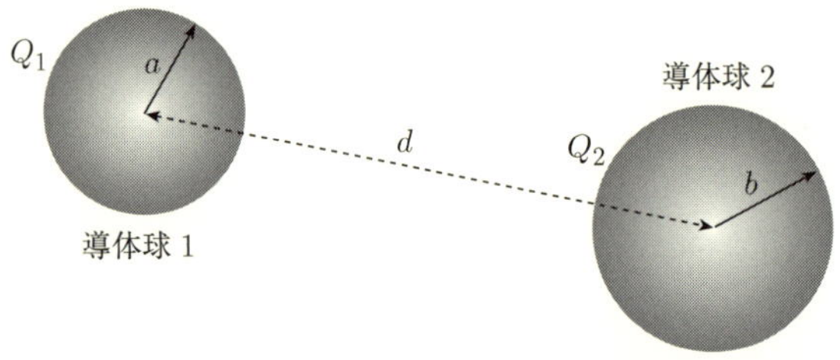

図2.5 二つの導体球で構成される導体系

距離 d [m] 離れて設置されており，それぞれ Q_1[C], Q_2[C] に帯電しているとき，電位係数を求めよ。

［解］ 式 (2.12) より，導体球 1 の電位 ϕ_1[V] と導体球 2 の電位 ϕ_2[V] は下記のように書くことができる。

$$\phi_1 = p_{11}Q_1 + p_{12}Q_2$$

$$\phi_2 = p_{21}Q_1 + p_{22}Q_2$$

$p_{11}Q_1$ の項は，導体球 1 がもつ電荷 Q_1[C] の寄与による電位を表す。

ガウスの法則より，電荷 Q_1[C] による $r \geq a$ の電界は

$$E = \frac{1}{4\pi\varepsilon_0}\frac{Q_1}{r^2}$$

となる。よって，電荷 Q_1 による導体球 1 の電位 ϕ_{11} は，

$$\phi_{11} = -\int_{\infty}^{a} \boldsymbol{E}\cdot d\boldsymbol{r} = -\int_{\infty}^{a} \frac{1}{4\pi\varepsilon_0}\frac{Q_1}{r^2}\,dr = \frac{1}{4\pi\varepsilon_0}\frac{Q_1}{a}$$

となる。よって，電位係数 p_{11} は，

$$p_{11} = \frac{1}{4\pi\varepsilon_0 a}$$

で与えられる。同様に，

$$p_{12} = \frac{1}{4\pi\varepsilon_0(d-a)}, \quad p_{21} = \frac{1}{4\pi\varepsilon_0(d-b)}, \quad p_{22} = \frac{1}{4\pi\varepsilon_0 b}$$

となる。

2.5　静電エネルギー

2.3 節では平行平板コンデンサの静電容量を求めた。電荷を蓄えた平行平板コンデンサに抵抗をつなぐと，抵抗に電流が流れて発熱する。つまり，電荷を蓄えた平行平板コンデンサはエネルギーを保持していることになる。このエネルギーを**静電エネルギー** (electrostatic energy) という。

電荷量 Q [C] を蓄えている平行平板コンデンサの静電エネルギーを計算するためには，平行平板コンデンサに電荷 Q [C] を蓄えさせるため (充電するため) に必要な仕事を計算すればよい。平行平板コンデンサの静電容量を C [F] とし，コンデンサに電源をつないで電圧を 0 から V まで上昇させ，電荷量を 0 から Q [C] まで増加させる。コンデンサの両端の電圧が v $(0 \leq v \leq V)$ のときに電荷量を q [C] から $q + dq$ [C] に増加させるために必要な仕事 dW [J] は，$dW = v\,dq$ となる。静電容量の関係式 $Q = CV$ は常に成り立ち $q = Cv$ であるので，

$$dW = \frac{q}{C}\,dq \qquad (2.13)$$

となる。全仕事量 W [J] は q を 0 から Q まで積分して，

$$W = \int dW = \int_0^Q \frac{q\,dq}{C} = \frac{1}{2}\frac{Q^2}{C} = \frac{1}{2}CV^2 \quad \text{[J]} \qquad (2.14)$$

となる。これが，平行平板コンデンサが蓄えた静電エネルギーである。

さて，この静電エネルギーはどこに蓄えられているのだろうか。電磁気学では，電界 E が存在する空間 (場) に保存されていると考える。これを**電界のエネルギー**という。式 (2.14) を用いて電界のエネルギーを計算してみよう。平行平板コンデンサの静電容量の式 (2.11) と $V = Ed$ を用いると

$$W = \frac{1}{2}CV^2 = \frac{1}{2}\frac{\varepsilon_0 S}{d}(Ed)^2 = \frac{1}{2}\varepsilon_0 E^2 Sd \tag{2.15}$$

となる。Sd [m^3] は平行平板コンデンサ内部空間の体積を表すので，単位体積あたりの静電エネルギー w は

$$w = \frac{W}{Sd} = \frac{1}{2}\varepsilon_0 E^2 \quad [\mathrm{J/m^3}] \tag{2.16}$$

となる。これが，電界のエネルギー密度である。

2.6　導体にはたらく力

物体に力 F [N] がはたらいている空間 (例えば重力場) で，その力に逆らって物体を dx [m] だけ移動させる (重力場の場合，位置を高くする) とエネルギー (位置エネルギー) が増加する。エネルギーの増分を dW [J] として，式に表すと

$$dW = -F dx \tag{2.17}$$

となる。力 F [N] の前のマイナス記号は，力に逆らって移動させることを意味する。これより，力 F [N] は，

$$F = -\frac{dW}{dx} \tag{2.18}$$

とエネルギーの空間微分で表されることがわかる (W [J] はポテンシャルエネルギーであり，F [N] を保存力という)。これを用いて，電荷量 Q [C] を蓄えている平行平板コンデンサの電極間にはたらく力を求めてみよう。

電極間距離を x [m] とすると式 (2.11) と式 (2.14) より，$W(x)$ [J] は，

$$W(x) = \frac{1}{2}\frac{Q^2}{C} = \frac{1}{2}\frac{Q^2}{\dfrac{\varepsilon_0 S}{x}} = \frac{1}{2}\frac{Q^2}{\varepsilon_0 S}x \tag{2.19}$$

となり，

$$F = -\frac{dW}{dx} = -\frac{1}{2}\frac{Q^2}{\varepsilon_0 S} \tag{2.20}$$

が得られる。電荷量 Q [C] を蓄えている平行平板コンデンサの電極間距離を (Q [C] を一定のまま) 大きくしようとすると静電エネルギーが増加する。よって，電極間には引力がはたらいている。

Q [C] を一定のまま平行平板コンデンサの電極間距離を大きくすると静電エネルギーが増加することは，下記のように考えることができる。

電極間距離が増加しても電荷量 Q [C] が変化しなければ，電極間の電界 E [V/m] の大きさは変化しない。よって，電界のエネルギー密度も変化しない。一方，電極間の距離が大きくなると，コンデンサ内部の空間の体積は増加する。よって，電極間距離が大きくなるにつれて，静電エネルギー (電界のエネルギー密度 × 体積) が増加することが直感的にわかる。

それでは，平行平板コンデンサの電極間に電源をつなぎ，電極間の電圧を一定 (V [V]) にしたときを考えてみよう。式 (2.11) と式 (2.14) より，静電エネルギー $W(x)$ [J] は

$$W(x) = \frac{1}{2}CV^2 = \frac{1}{2}\frac{\varepsilon_0 S}{x}V^2 \tag{2.21}$$

となる。よって，

$$dW = -\frac{1}{2}\frac{\varepsilon_0 S}{x^2}V^2 dx \tag{2.22}$$

となり，平行平板コンデンサの電極間距離を (V[V] を一定のまま) 大きくしようとするとエネルギーが減少する。また，$dW = -Fdx$ より，電極間には斥力がはたらいているように見える。しかし，平行平板コンデンサの電極間には引力がはたらいているので，以上の考え方は間違っている。

V[V] を一定のまま電極間距離を大きくするための具体例として，平行平板コンデンサに端子間電圧 V[V] の電池が接続されている状況を考える。電極間距離を大きくすると静電容量が小さくなるために，平行平板コンデンサに蓄えられた電荷が電池側に移動する (電池が充電される)。よって，全体のエネルギー変化を考える場合，電池に充電されるエネルギーを合わせて考える必要がある。コンデンサに蓄えられた電荷量の変化を dQ[C] としたとき，電池に充電される電荷量は $-dQ$[C] であることから，電池に充電されるエネルギー dW_s[J] は，

$$dW_\mathrm{s} = V(-dQ) = -Vd(CV) = -V^2 dC = \frac{\varepsilon_0 S}{x^2}V^2 dx \tag{2.23}$$

となる。よって，静電エネルギーの変化 dW[J] と充電される電気エネルギー dW_s[J] を足すと正の値となり，電極間距離を大きくすることにより，系全体のエネルギーは増加する。よって，電極間に引力がはたらくことと矛盾しない。

演習問題 2

2.1 半径 a [m] の導体球が電荷量 Q [C] に帯電している場合，球外に生じる電界 E [V/m] のエネルギーの総量を求めよ。

2.2 正方形の面積 S [m^2]，間隔 d [m] の平行平板コンデンサの両電極板に $\pm Q$ [C] の電荷を与えておき，電荷をもたない厚さ t [m] の正方形の面積 S [m^2] の金属板を平行平板コンデンサの両電極の間に平行に設置する ($d > t$)。

(1) 電極間の電気力線を図示せよ。

(2) 金属板を入れたときの静電容量は，金属板を入れないときの静電容量の何倍になるか。

(3) 金属板を入れた時の静電エネルギーの変化を求めよ。

2.3 半径 a [m] の導体球 (内導体) を，内半径 b [m]，外半径 c [m] の導体球殻 (外導体) で包む。半径 a の導体球が電荷 $+Q$ [C]，外導体が電荷 $-Q$ [C] に帯電しているとき，以下の問いに答えよ。

(1) 内導体の中心を $r=0$ m とする。ガウスの法則を用いて電界を求め，電界の大きさを図示せよ。

(2) 内導体と外導体の電位差を求めよ。

(3) この導体系の静電容量を求めよ。

3 誘電体を含む静電界

前章までに，真空中の静電界について学んだ。本章では，静電界中に絶縁体(誘電体) が存在する場合の特性を学ぶ。

3.1 誘電体と誘電分極

3.1.1 誘 電 体

電気的特性から見て，物質は**導体** (電気を通す金属) と**絶縁体** (電気を通さない不導体) に二分される。導体中では，電子が自由に動くことができるが，絶縁体では，電子は原子に強く束縛され，ほとんど動くことができない。図 3.1 に示すように，この絶縁体を電界 $\boldsymbol{E}$ 中に置くと，正電荷の原子は電界方向へ，負電荷の電子はその反対方向へ移動し，相対的な分布に偏りが生じる。この電荷の動きを**誘電分極** (dielectric polarizatio) という。また，この電気的性質から，絶縁体は特に**誘電体** (dielectric) とよばれる。

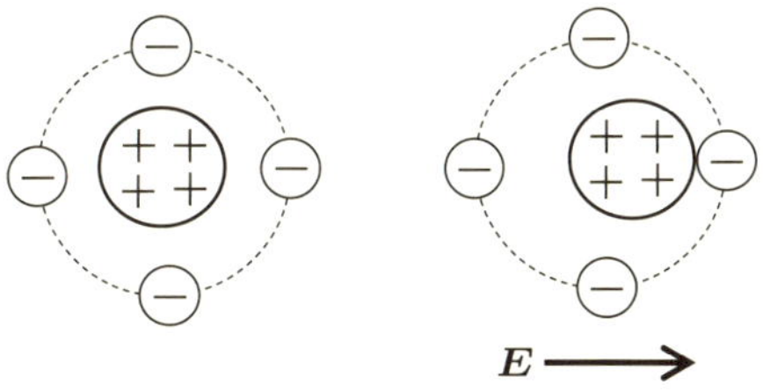

図 3.1 誘電体内の原子の分極

3.1.2 分 極

原子レベルで分極が生じると，正負の電荷対 $(q, -q)$ を**電気双極子**とみなすことができる。

図 3.2 に示すように，負電荷中心から正電荷中心へのずれベクトルを $\boldsymbol{\delta}$ とすると，その**電気双極子モーメント** (electric dipole moment) は $\boldsymbol{p} = q\boldsymbol{\delta}$ である。

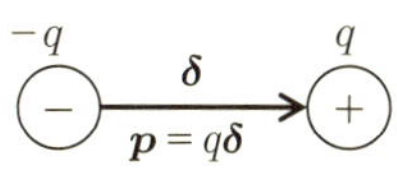

図 3.2 双極子モーメント

単位体積あたりの原子や分子の数を N とすると，誘電体は，単位体積あたりに電気双極子モーメント

$$\boldsymbol{P} = N\boldsymbol{p} = Nq\boldsymbol{\delta} \tag{3.1}$$

をもつことになる。この分極ベクトル $\boldsymbol{P}$ を**分極の強さ**，あるいは単に**分極** (polarization) とよぶ。

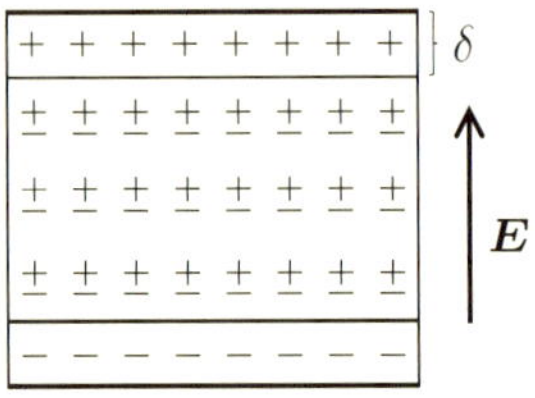

図3.3 正電荷と負電荷の分布のずれ

図 3.3 に示すように，平行平板コンデンサ内に誘電体を入れた場合を考える。平板極板間に電位差を与えると，誘電体内の正電荷は負極側に，負電荷は正極側に，それぞれ一様に移動する。その結果，図からわかるように，誘電体内部では正電荷と負電荷の分布は打ち消され，上下の誘電体表面に厚さ δ の正負の電荷が誘起される。すなわち，誘電体表面に，

$$\sigma_{\rm p} = \boldsymbol{P}\cdot\boldsymbol{n} \qquad (\boldsymbol{n}：誘電体表面の外向き法線ベクトル) \tag{3.2}$$

で与えられる面電荷 $\sigma_{\rm p}$ が生じる。これを**分極電荷** (polarized charge) という。なお，この分極による電荷 $\sigma_{\rm p}$ は，正負の電荷に分離して誘電体外に取り出すことができない。また，印加電位差を除去すると $\sigma_{\rm p}$ は 0 になる。

この平行平板コンデンサの例では，電界が一様であり，電気双極子モーメントも一様に分布するので，分極電荷は，誘電体内部には発生せず，表面のみに現れる。しかしながら，一般的には，誘電体が存在する空間に印加される電界は一様でない場合が多い。このとき，原子レベルの電気双極子モーメントも一様ではないので，誘電体内部においても，正負の電荷は打ち消さなくなり，分極電荷が出現する。

今，誘電体球の中心に正の点電荷 q を置いた場合を考える (図 3.4)。点電荷 q がつくる電界は

$$\boldsymbol{E}_0 = \frac{q}{4\pi\varepsilon_0 r^2}\frac{\boldsymbol{r}}{r} = \frac{q}{4\pi\varepsilon_0 r^2}\hat{\boldsymbol{r}} \tag{3.3}$$

で表され，放射状に分布し，中心からの距離の 2 乗に反比例して，小さくなる。分極ベクトルの分布も同様であり，図 3.4 に示すように，正の分極電荷が誘電体球表面に一様に現れるとすると，分極ベクトルも球表面に一様に放射状に分布する。このとき，誘電体球はもともと中性だったので，表面電荷と同じ電荷量の負の電荷が内部に分布しているはずである。

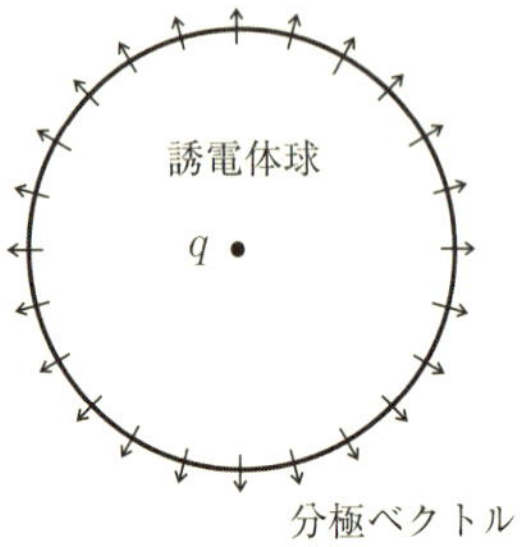

図3.4 誘電体球の中心に置かれた点電荷による分極

一般的に，単位体積あたりに現れる分極電荷の体積密度 $\rho_{\rm p}$ と分極ベクトル $\boldsymbol{P}$ との間には，次の関係が成立する。

$$\oint_S \boldsymbol{P}\cdot\boldsymbol{n}\,dS = -\int_V \rho_{\rm p}\,dv \tag{3.4}$$

電界のガウスの法則に発散定理を適用したときと同様に考えれば，

$$\rho_{\rm p} = -\,{\rm div}\,\boldsymbol{P} \tag{3.5}$$

となる。

3.2 誘電体を含む系の電界

3.2.1 電束密度

図 3.5 に示すように，誘電体を含む空間 V において，**真電荷** (空間に自由に置くことのできる電荷) Q と**分極電荷** (誘電体の表面および内部に現れる電荷) Q_{p} が存在する場合を考える。空間内の総電荷 Q_{total} は

$$\begin{aligned} Q_{\mathrm{total}} &= Q + Q_{\mathrm{p}} = Q + \int_V \rho_{\mathrm{p}}\, dv \\ &= Q - \oint_{\mathrm{S}} \boldsymbol{P} \cdot \boldsymbol{n}\, dS \end{aligned} \tag{3.6}$$

で与えられる。

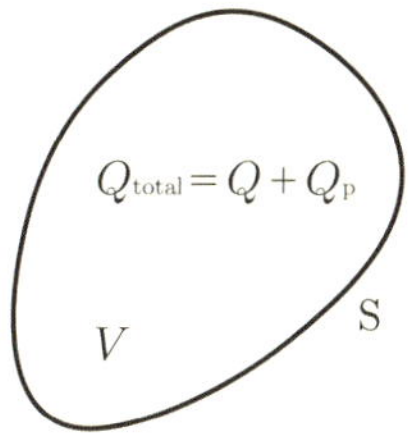

図 3.5 任意の閉曲面 S で囲まれた領域 V 内の総電荷 Q_{total}

空間 V を囲む閉曲面 S 上の電界を $\boldsymbol{E}$ として，空間内に電荷 Q_{total} が存在すると考えれば，真空中のガウスの法則が適用でき，

$$\varepsilon_0 \oint_{\mathrm{S}} \boldsymbol{E} \cdot d\boldsymbol{S} = Q_{\mathrm{total}} = Q + Q_{\mathrm{p}} = Q - \oint_{\mathrm{S}} \boldsymbol{P} \cdot d\boldsymbol{S} \tag{3.7}$$

(ただし，$\boldsymbol{n}\, dS = d\boldsymbol{S}$)

が成り立ち，

$$\oint_{\mathrm{S}} (\varepsilon_0 \boldsymbol{E} + \boldsymbol{P})\, d\boldsymbol{S} = Q \tag{3.8}$$

が得られる。

ここで，新しい変数ベクトル

$$\boldsymbol{D} = \varepsilon_0 \boldsymbol{E} + \boldsymbol{P} \tag{3.9}$$

を導入すると，式 (3.8) は次のように表される。

$$\oint_{\mathrm{S}} \boldsymbol{D} \cdot d\boldsymbol{S} = Q \tag{3.10}$$

式 (3.10) は,「誘電体におけるガウスの法則」を表しており，$\boldsymbol{D}$ を**電束密度** (または**電気変位**) という。また，右辺は真電荷のみであることに注意をしよう。すなわち

「ガウスの法則」の意味：任意の閉曲面 S を横切って通過する電束密度の総和は S 内に存在する真電荷の総和に等しい。

3.2.2 電束密度と電界との関係

分極ベクトル $\boldsymbol{P}$ は電界ベクトル $\boldsymbol{E}$ に依存する。$\boldsymbol{E}$ が大きければ $\boldsymbol{P}$ も大きい。一般的には $\boldsymbol{P} = f(\boldsymbol{E})$ で表されるが，線形関係がある場合 (通常の誘電体では，電界方向による違いはなく，これが成立する。本章ではこの場合を取り扱う)，

$$\boldsymbol{P} = \varepsilon_0 \chi \boldsymbol{E} \tag{3.11}$$

と書ける。ここで，χ は**分極率 (電気感受率)** といわれ，誘電体内部にどの程度の電荷が現れるかを示す係数である。

このとき，

$$\boldsymbol{D} = \varepsilon_0 \boldsymbol{E} + \boldsymbol{P} = (1+\chi)\varepsilon_0 \boldsymbol{E} = \varepsilon_r \varepsilon_0 \boldsymbol{E} = \varepsilon \boldsymbol{E} \tag{3.12}$$

と表すことができる。ここで，

$\varepsilon_r = 1 + \chi$ ：比誘電率

$\varepsilon = \varepsilon_r \varepsilon_0$ ：誘電体の誘電率

という。なお，真空の誘電率は $\varepsilon_0 = 8.854 \times 10^{-12}\ \mathrm{C^2/(N \cdot m^2)}$ である。

比誘電率 ε_r は普通の誘電体では $\varepsilon_r > 1$ であり，温度によって変化する。また，プラズマや電離層では高周波において $\varepsilon_r < 1$ である。

3.2.3 誘電体の界面における境界条件

図 3.6 に示すように誘電率の異なる二つの誘電体 1 および 2 が接している界面を考える。各誘電体中の電界および電束密度を，それぞれ $\boldsymbol{E}_1$，$\boldsymbol{E}_2$ および $\boldsymbol{D}_1$，$\boldsymbol{D}_2$ とする。

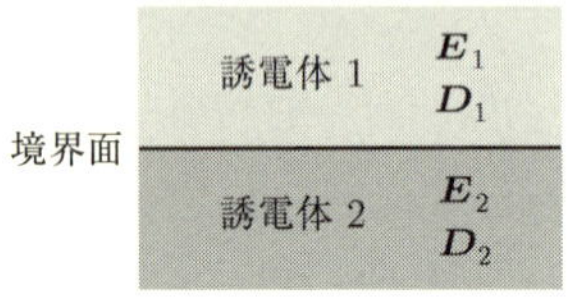

図 3.6 誘電体の境界面

まず，電界について考える。図 3.7 の閉曲線 ABCDA に沿って電界を線積分すると，

$$\oint_l \boldsymbol{E} \cdot d\boldsymbol{s} = 0 \tag{3.13}$$

が成立する。線分 AB および CD を無限に短くとれば，上記の線積分は線分 BC および DA の分が残る。界面接線方向単位ベクトル (接線ベクトル) を $\boldsymbol{t}$ とすれば，

$$\int_{\mathrm{BC}} \boldsymbol{E} \cdot d\boldsymbol{s} + \int_{\mathrm{DA}} \boldsymbol{E} \cdot d\boldsymbol{s} = 0 \tag{3.14}$$

$$\int_{\mathrm{BC}} \boldsymbol{E} \cdot d\boldsymbol{t} = \int_{\mathrm{AD}} \boldsymbol{E} \cdot d\boldsymbol{t} \tag{3.15}$$

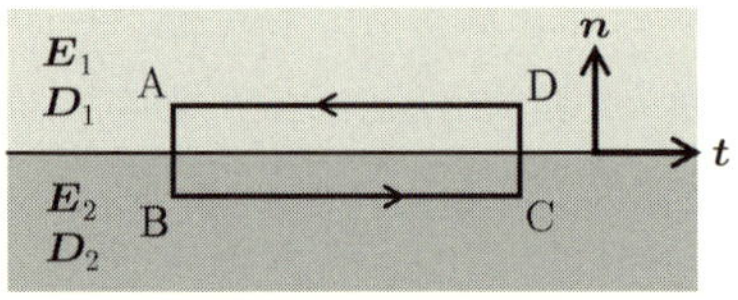

図 3.7 電解の線積分

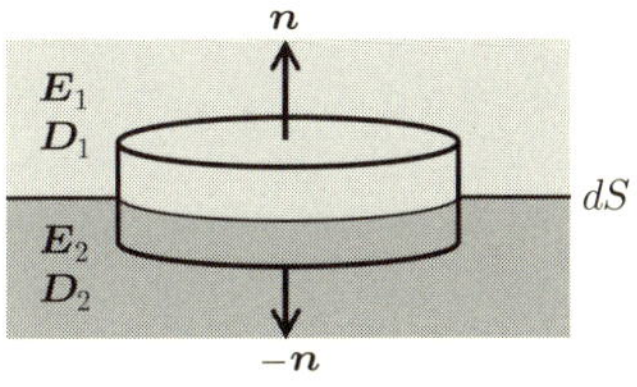

図 3.8　電束密度の面積分

したがって,

$$\boldsymbol{E}_1 \cdot \boldsymbol{t} = \boldsymbol{E}_2 \cdot \boldsymbol{t} \tag{3.16}$$

$$E_{1t} = E_{2t} \tag{3.17}$$

すなわち，**境界面において，電界の接線方向成分は等しい。**

次に，電束密度について考える。図 3.8 のように閉曲面として，底面積 dS の薄い円柱に対して，ガウスの法則を適用すると，境界面には真電荷が存在しないので (分極電荷は存在する),

$$\oint_S \boldsymbol{D} \cdot d\boldsymbol{S} = 0 \tag{3.18}$$

側面の高さが極めて小さいとすると，底面の面積分のみ残り,

$$\boldsymbol{D}_1 \cdot \boldsymbol{n} = \boldsymbol{D}_2 \cdot \boldsymbol{n} \tag{3.19}$$

したがって,

$$D_{1\mathrm{n}} = D_{2\mathrm{n}} \tag{3.20}$$

すなわち，**境界面において，電束密度の法線方向成分は等しい。**

3.2.4 境界面での電界および電束密度の屈折

図 3.9 のように，誘電体 1(誘電率 ε_1) の電界 $\boldsymbol{E}_1$ および電束密度 $\boldsymbol{D}_1$ のベクトルが境界面法線方向ベクトルに対して角度 θ_1 だけ傾いているとする。同様に，誘電体 2(誘電率 ε_2) において，電界 $\boldsymbol{E}_2$ および電束密度 $\boldsymbol{D}_2$ が θ_2 だけ傾いているとする。

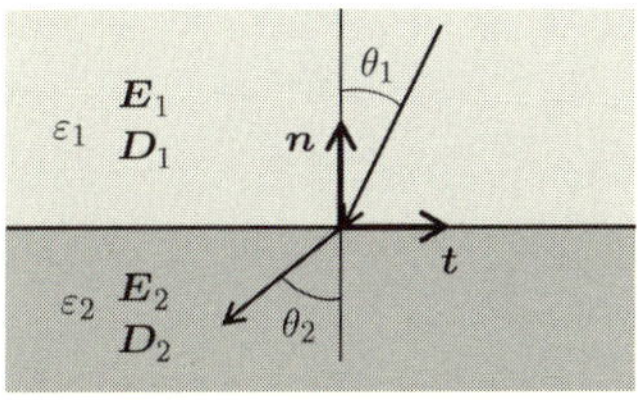

図 3.9　異なる誘電体の境界面での電気力線，電束線の屈折

境界面において，電界の接線方向成分，電束密度の法線方向成分がそれぞれ等しいので,

$$E_1 \sin\theta_1 = E_2 \sin\theta_2 \tag{3.21}$$

$$D_1 \cos\theta_1 = D_2 \cos\theta_2 \tag{3.22}$$

が成立する。さらに，$D_1 = \varepsilon_1 E_1$ および $D_2 = \varepsilon_2 E_2$ の関係を考慮して，両式の比をとると，

$$\frac{\tan\theta_1}{\tan\theta_2} = \frac{\varepsilon_1}{\varepsilon_2} \tag{3.23}$$

が成立する。

今，$\varepsilon_1 < \varepsilon_2$ の場合を考える。このとき，$\tan\theta_1 < \tan\theta_2$ だから，

$$\theta_1 < \theta_2 \tag{3.24}$$

すなわち，誘電率の小さい誘電体から大きな誘電体に入ると，屈折角は大きくなる。また，式 (3.21) および (3.22) から，

$$\frac{E_1}{E_2} = \frac{\sin\theta_2}{\sin\theta_1} \tag{3.25}$$

$$\frac{D_1}{D_2} = \frac{\cos\theta_2}{\cos\theta_1} \tag{3.26}$$

が成り立つ。

$\varepsilon_1 < \varepsilon_2$ のとき，$\theta_1 < \theta_2$ であるので，$E_1 > E_2$ かつ $D_1 < D_2$ である。すなわち，誘電率の小さい誘電体から大きな誘電体に入ると，電界の大きさは小さくなり，電束密度の大きさは大きくなる。

3.2.5 誘電体と導体との境界

図 3.10 のように，誘電率 ε_1 の誘電体と導体とが接している界面を考える。導体内の電界は，導体表面の電界は表面に垂直である。したがって，誘電体表面の電界 $\boldsymbol{E}_1$ および電束密度 $\boldsymbol{D}_1$ は界面に垂直である。導体表面に真電荷が面密度 σ で存在するとき，同図の薄い円柱 (底面の面積 dS) の閉曲面にガウスの法則を当てはめると，

$$\oint_S \boldsymbol{D} \cdot d\boldsymbol{S} = \sigma\, dS$$

が成立するが，左辺において，側面および底面の面積分は 0 であるので，上面のみ残る。したがって，

$$D_1 = \sigma \tag{3.27}$$

$$E_1 = \frac{\sigma}{\varepsilon_1} \tag{3.28}$$

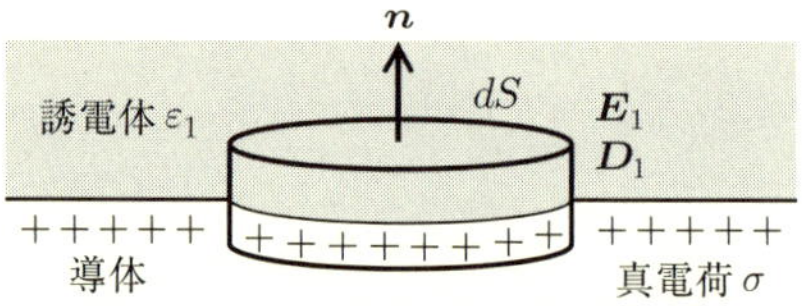

図3.10 導体と誘電体との境界面

が成り立つ。

次に，誘電体表面に分極電荷が単位面積あたり $-\sigma_{\mathrm{p}}$ で分布しているとすると，円柱内に存在する全電荷は，$\sigma_{\mathrm{total}} = \sigma - \sigma_{\mathrm{p}}$ であるので，これにガウスの法則を適用すれば，境界面の電界は

$$E_1 = \frac{\sigma_{\mathrm{total}}}{\varepsilon_0} = \frac{\sigma - \sigma_{\mathrm{p}}}{\varepsilon_0} \tag{3.29}$$

で与えられる。したがって，

$$\sigma_{\mathrm{p}} = \left(\frac{\varepsilon_1 - \varepsilon_0}{\varepsilon_1}\right)\sigma$$

が求まる。すなわち，導体と誘電率 ε_1 の誘電体と界面において，導体表面に真電荷が面密度 σ で分布させた場合には，誘電体表面に

$$-\sigma_{\mathrm{p}} = -\left(\frac{\varepsilon_1 - \varepsilon_0}{\varepsilon_1}\right)\sigma$$

の分極電荷が誘導される。

例題 3.1　図 3.11 のように，平行平板コンデンサがあり，両極板に面密度 $\pm\sigma$ の電荷が一様に帯電しているとする。(a) 両極板間が真空の場合，(b) 誘電体で満たされている場合，(c) 一部が誘電体の場合について，電界および電束密度を求めよ。

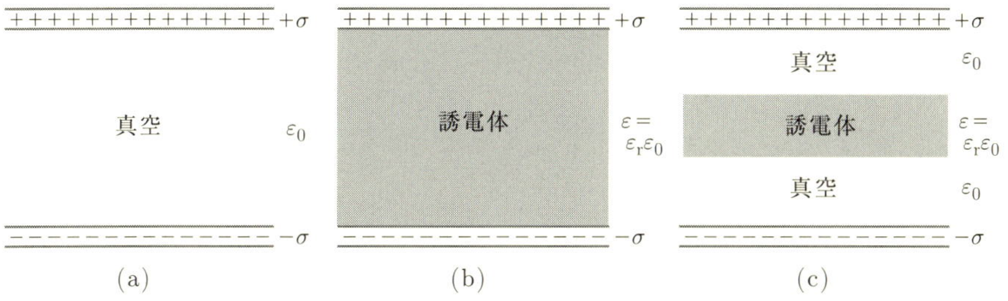

図 3.11　平行平板コンデンサ

[解]　図 (a) のように，極板間が真空の場合の電束密度および電界を $\boldsymbol{D}$ および $\boldsymbol{E}$ とすると，それらの大きさは，

$$D_0 = \sigma, \quad E_0 = \frac{\sigma}{\varepsilon_0} \tag{3.30}$$

である。

図 (b) のように誘電率 $\varepsilon = \varepsilon_{\mathrm{r}}\varepsilon_0$ の誘電体で満たされている場合，誘電体中の電束密度 $\boldsymbol{D}$ および電界 $\boldsymbol{E}$ の大きさは

$$D = \sigma, \quad E = \frac{\sigma}{\varepsilon} \tag{3.31}$$

となる。

さらに図 (c) のように，極板間の一部に極板と同じ面積の誘電体を平行に挿入した場合を考えると，真空中の電束密度と誘電体中の電束密度は

$$D = D_0 = \sigma \tag{3.32}$$

であり，両者の電束密度は等しい，他方，電界について見ると，真空中では $\boldsymbol{E}_0$，誘電体中では $\boldsymbol{E}$ であり，両者の関係は次式で与えられる。

$$E = \frac{E_0}{\varepsilon_r} \tag{3.33}$$

通常の誘電体では $\varepsilon_r > 1$ であるので，誘電体中の電界の大きさは，真電荷が真空中につくる電界より小さくなる。したがって，図 3.12 のように，電束線は連続しているが，電気力線は誘電体の表面で消滅・発生する。

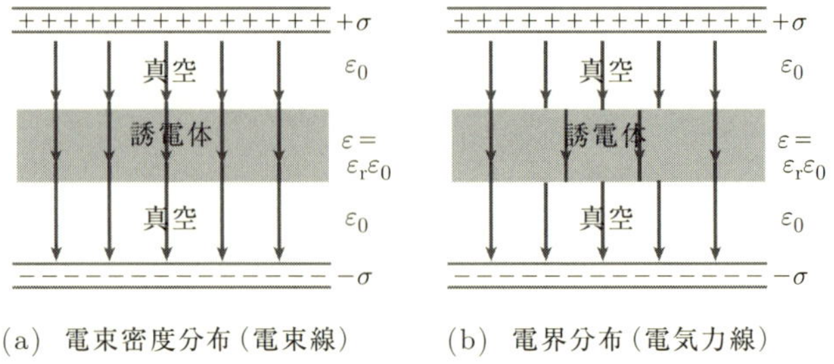

図3.12 平行平板コンデンサ内の電束線および電気力線

3.3 誘電体に蓄えられるエネルギー

図 3.13 に示す極板の面積 S，極板間の間隔 d の平行平板コンデンサに蓄えられているエネルギーを考える。なお，電極間は誘電率 ε の誘電体で満たされているとする。端付近を除けば，電極間の領域には電界は一様な強さで生じているので，その大きさを E とすれば，電極間の電位差 V は

$$V = Ed \tag{3.34}$$

である。このとき，平板電極に帯電する電荷を $\pm Q$ とすると，式 (3.31) から，

$$Q = \varepsilon ES \tag{3.35}$$

である。このコンデンサに蓄えられているエネルギー U は，

$$U = \frac{1}{2}QV = \frac{1}{2}\varepsilon E^2 Sd \tag{3.36}$$

と表される。ここで，Sd は電極間の領域 (誘電体) の体積だから，単位体積あたりのエネルギー

$$u = \frac{1}{2}\varepsilon E^2 \tag{3.37}$$

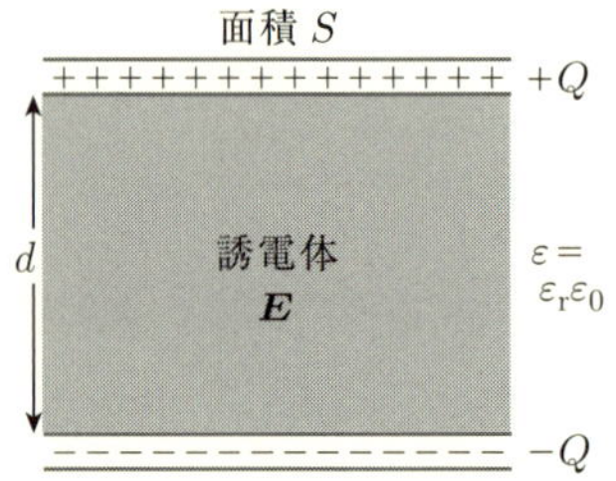

図3.13 平行平板コンデンサに蓄えられるエネルギー

が電界とともに，連続的に分布していると解釈できる。

この解釈は，一般的にも成り立ち，「エネルギーは電界に蓄えられている」と考えることができる。

誘電率 ε の誘電体で満たされている領域 V を考える。$D = \varepsilon E$ であることを考慮すると，その領域 V のエネルギー密度 u は，

$$u = \frac{1}{2}\varepsilon E^2 = \frac{1}{2}D \cdot E = \frac{1}{2}\frac{D^2}{\varepsilon} \tag{3.38}$$

となる。領域全体では，

$$U = \frac{1}{2}\int_V \varepsilon E^2 \, dv = \frac{1}{2}\int_V D \cdot E \, dv = \frac{1}{2}\int_V \frac{D^2}{\varepsilon} \, dv \tag{3.39}$$

と表される。

また，真電荷 Q が (真空中に) つくる電界を E とし，式 (3.16) の関係を用いると，このエネルギー U の表式は次のように変形できる。

$$\begin{aligned} U &= \frac{1}{2}\int_V \varepsilon E^2 \, dv = \frac{1}{2}\int_V \varepsilon_r \varepsilon_0 E^2 \, dv \\ &= \frac{1}{2}\int_V \varepsilon_r \varepsilon_0 \left(\frac{E_0}{\varepsilon_r}\right)^2 dv = \frac{1}{\varepsilon_r}\left(\frac{1}{2}\int_V \varepsilon_0 E_0^2 \, dv\right) \\ &= \frac{1}{\varepsilon_r}U_0 \end{aligned} \tag{3.40}$$

ここで，

$$U_0 = \left(\frac{1}{2}\int_V \varepsilon_0 E_0^2 \, dv\right)$$

であり，これは領域 V の誘電体を真空中に置きかえた場合に領域に蓄えられているエネルギーである。

上式から，次のことがいえる。

比誘電率 $\boldsymbol{\varepsilon_r}$ の誘電体中の領域に蓄えられているエネルギーは，真空中の場合の $1/\boldsymbol{\varepsilon_r}$ 倍となる。

3.4 誘電体の境界にはたらく力

3.4.1 誘電体中のクーロンの法則

誘電体中の電荷が仮想的に δx だけ平行移動したとき，領域のエネルギーが δU だけ変化したとすると，電荷にはたらく力の x 方向成分 F_x は，

$$-F_x \delta x = \delta U \tag{3.41}$$

で与えられる。式 (3.40) から，δU は真空の場合のエネルギーの $1/\varepsilon_r$ 倍であるので，誘電体中の電荷にはたらく力も，真空中の場合の $1/\varepsilon_r$ 倍となる。したがって，誘電体中に距離 $\boldsymbol{r}$ だけ離れた 2 個の点電荷 Q_1 および Q_2 にはたらく力 (クーロン力)$\boldsymbol{F}$ は，真空中の場合の $1/\varepsilon_r$ 倍となるので，

$$\boldsymbol{F} = \frac{1}{\varepsilon_{\mathrm{r}}}\left(\frac{Q_1Q_2}{4\pi\varepsilon_0 r^2}\hat{\boldsymbol{r}}\right) = \frac{Q_1Q_2}{4\pi\varepsilon_{\mathrm{r}}\varepsilon_0 r^2}\hat{\boldsymbol{r}} = \frac{Q_1Q_2}{4\pi\varepsilon r^2}\hat{\boldsymbol{r}} \tag{3.42}$$

となる。

したがって，誘電体中において，点電荷 Q がつくる電界は，

$$\boldsymbol{E} = \frac{Q}{4\pi\varepsilon_{\mathrm{r}}\varepsilon_0 r^2}\hat{\boldsymbol{r}} = \frac{Q}{4\pi\varepsilon r^2}\hat{\boldsymbol{r}} \tag{3.43}$$

である。

3.4.2 誘電体の境界面にはたらく力：電界が境界面に垂直の場合

図 3.14 に示すように，電界が，誘電率 ε_1 および ε_2 の誘電体 1 および 2 の境界面に垂直に作用している場合を考える。界面が力を受けて，δx だけ動いたとき，境界面単位面積あたりのエネルギーの変化を δU とすると，

$$\delta U = \frac{1}{2}(E_1D_1 - E_2D_2)\delta x \tag{3.44}$$

境界面では，電束密度の垂直方向成分が等しいので，$D = D_1 = D_2$ であることを考慮すると，

$$\delta U = \frac{1}{2}\left(\frac{1}{\varepsilon_1} - \frac{1}{\varepsilon_2}\right)D^2\delta x \tag{3.45}$$

となる。境界面単位面積あたりにはたらく力は，

$$F = -\frac{\delta U}{\delta x} = \frac{1}{2}\left(\frac{1}{\varepsilon_2} - \frac{1}{\varepsilon_1}\right)D^2 \tag{3.46}$$

となる。ここで，$\varepsilon_1 > \varepsilon_2$ のとき，$F > 0$ である。すなわち，**誘電率の大きい方の誘電体が小さい方に引き込まれる力がはたらく**。

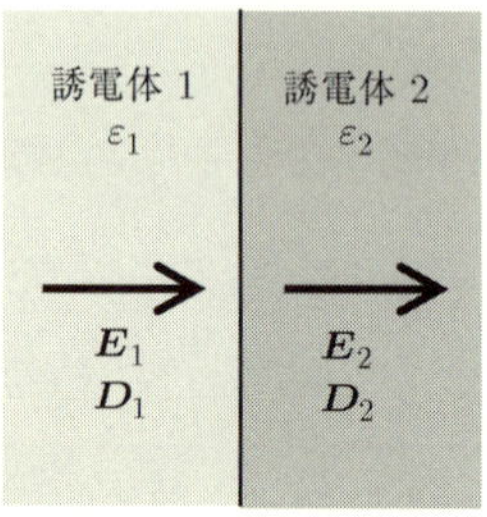

図3.14 誘電体の境界にはたらく力：電界が境界面に垂直

3.4.3 誘電体の境界面にはたらく力：電界が境界面に水平の場合

ここでは，図 3.15 に示すように，誘電率 ε_1 および ε_2 の誘電体 1 および 2 の境界面に水平に作用している場合を考える。界面が力を受けて，δx だけ動いたとき，境界面単位面積あたりのエネルギーの変化を δU とすると，界面では，電界の水平方向成分が等しいので，$E = E_1 = E_2$ であることを考慮すると，

$$\delta U = \frac{1}{2}(\varepsilon_1 - \varepsilon_2)E^2\delta x \tag{3.47}$$

となる。境界面単位面積あたりにはたらく力は，

$$F = -\frac{\delta U}{\delta x} = \frac{1}{2}(\varepsilon_1 - \varepsilon_2)E^2 \tag{3.48}$$

となる。この場合でも，$\varepsilon_1 > \varepsilon_2$ のとき，$F > 0$ であり，**誘電率の大きい方の誘電体が小さい方に引き込まれる力がはたらく**。

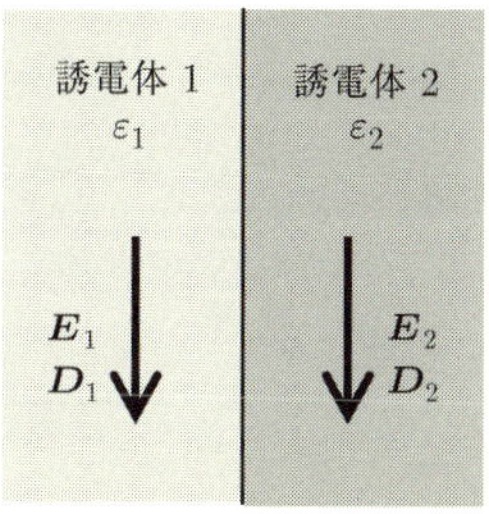

図3.15　誘電体の境界にはたらく力：電界が境界面に水平

3.5　真空中および誘電体中の基本式のまとめ

本章では，誘電体中の静電界に関して，積分型の表記を求めてきた。近年のコンピュータシミュレーション技術の発展にともなって，有限要素法や電荷重畳法などの電界の数値解析法が開発され，気軽に実用的な環境での電界解析が容易になってきている。静電界を決定している基本式は，微分型のポアソンの方程式である。そこで，ここでは，詳細を述べないが，誘電体を含む静電界の基本式を，真空中の場合と比較して，図 3.16 にまとめておく。

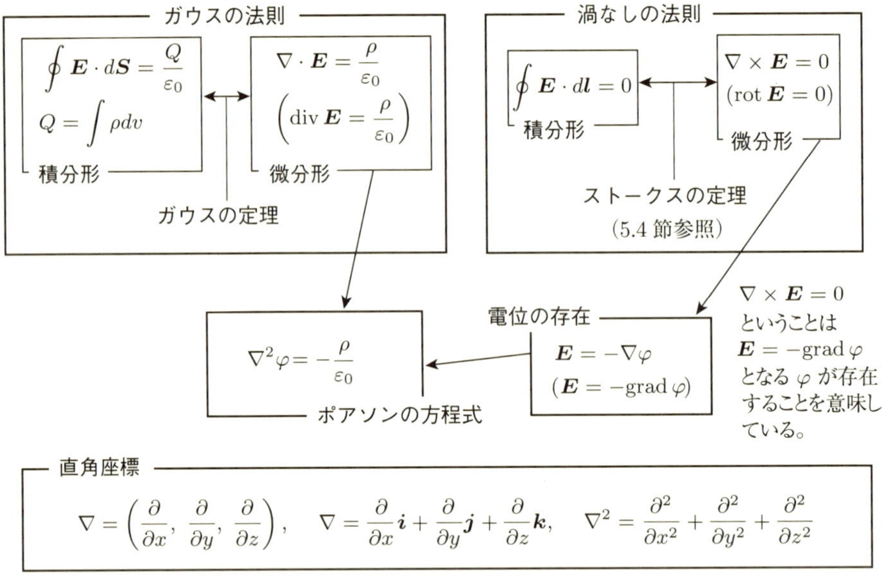

(円筒座標，極座標については，付録 A を参照)

(a) 真空中の静電界

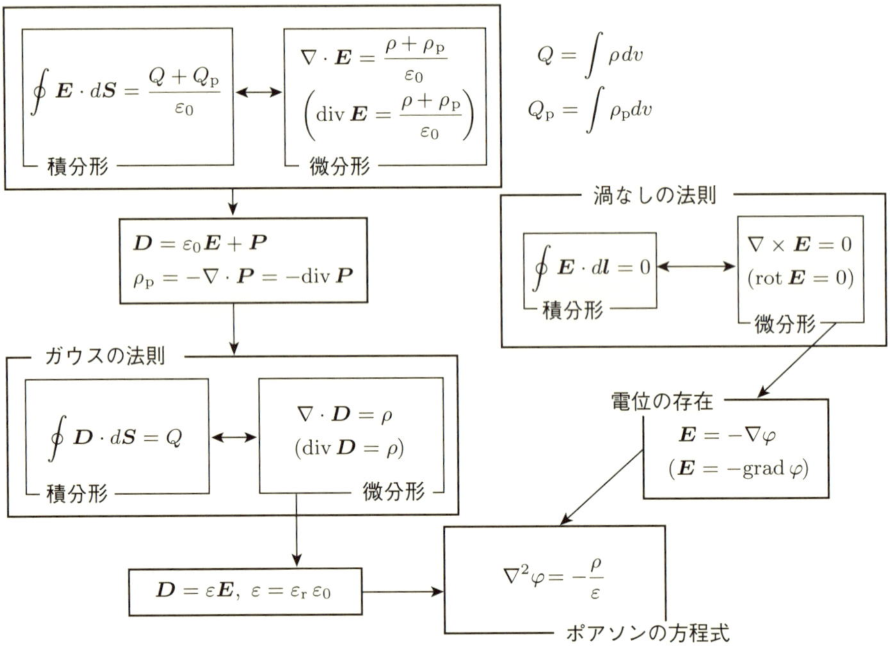

(b) 誘電体中の静電界

図 3.16 真空中および誘電体中で成り立つ基本式

演習問題 3

3.1 比誘電率 4 の誘電体中に点電荷 1.6×10^{-8} C が置かれている。そこから 2 m 離れた位置の電界の大きさを求めよ。

3.2 二つの点電荷 Q_1, Q_2 が比誘電率 2 の誘電体中に d だけ離れて置かれている場合に両電荷にはたらく力は，真空中の場合の何倍か？

3.3 半径 a の導体球および内半径 b $(a < b)$ の中空導体球が同心に置かれたコンデンサを考える。その極板間を比誘電率 ε_r の誘電体で満たした。次の問いに答えよ。

(1) このコンデンサの極板に $\pm Q$ を帯電させた。コンデンサ極板間の電束密度，電界および分極の大きさを，中心からの距離の関数として表せ。

(2) 誘電体内側および外側に現れる分極電荷をそれぞれ求めよ。

(3) このコンデンサの容量を求めよ。

3.4 面積 S，間隔 d の平行平板コンデンサを起電力 V の電池につないで帯電させる。電池を外してから，比誘電率 ε_r，厚さ d の誘電体を極板間に挿入した。次の問いに答えよ。

(1) コンデンサのエネルギーはどれだけ変化するか。その変化分はどこから来たか。

(2) 挿入した後の電位差はどうなったか。

3.5 全問において，電池をつないだまま，誘電体を挿入した。次の問いに答えよ。

(1) コンデンサのエネルギーはどれだけ変化するか？その変化分はどこから来たか。

(2) 挿入した後のコンデンサに蓄えられている電荷はどうなったか。

4 定常電流の性質

本章では，いままで取り扱ってきた，静止している電荷の場合と異なり，電荷自身の移動によって電流が生成されている場合を取り扱うことにする。定常電流の性質として，電気回路の基礎となるオームの法則や，キルヒホッフの法則を学ぶ。

4.1 定 常 電 流

4.1.1 電　　流

電荷は導体の中を自由に動くことができるため，導体を電界の中に置くと，電荷が電界による力を受けて移動する。電荷が移動する場合には**電流** (electric current) が生ずる。電流の単位は**アンペア** [A] である。

例えば，充電したコンデンサの両端を導線でつなぐと，電位の高い方の電極から低い方の電極向かって電流が流れる。この場合，コンデンサの両端の電位が等しくなると電流が止まる。

定常的に同じつよさで，導体に電流を流しつづけるためには，電池のような**起電力**を発生する**電源**が必要である。電池の起電力の発生は，クーロン力などの電気的な原理だけでは説明ができない。

4.2 定常電流と電荷保存則

電流の大きさが時間的に変化しないとき，これを**定常電流** (stationary current) という。任意の曲面 S を横切って流れる電流 I は，図 4.1 に示すように，ベクトル量である電流密度 $\boldsymbol{J}$ を用いて次式で与えられる。

$$I = \int_S \boldsymbol{J} \cdot d\boldsymbol{S} \tag{4.1}$$

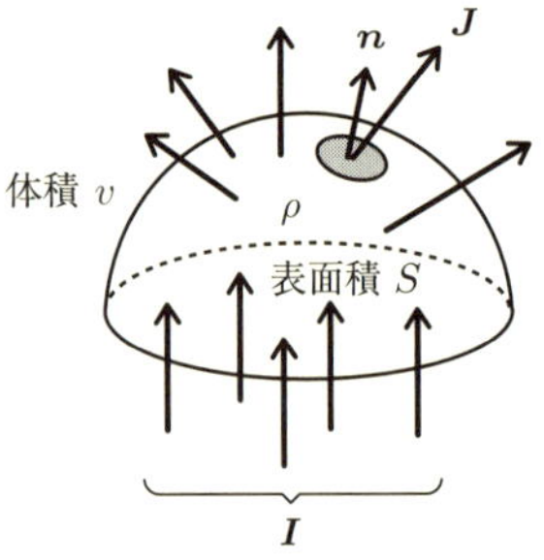

図4.1 電流 $\boldsymbol{I}$ と電流密度 $\boldsymbol{J}$

ここで，曲面 S 上の外向きの単位法線ベクトルを $\boldsymbol{n}$ とすると，$d\boldsymbol{S} = \boldsymbol{n}\,dS$ となる。

いま，体積 v で表面積 S の内から外へ流れ出る電流 I を考える。体積 v 内に含まれる電荷 Q は $Q = \int \rho\, dV$ で与えられ，電荷の時間変化は流れ出る電流に比例する。つまり，

$$I = -\frac{dQ}{dt} \tag{4.2}$$

したがって

$$\int_S \boldsymbol{J}\cdot\boldsymbol{n}\,d\boldsymbol{S} = -\frac{dQ}{dt} = -\int_\nu \frac{\partial\rho}{\partial t}v \tag{4.3}$$

となる。式 (4.3) の左辺にガウスの定理を用いると

$$\int_\nu \left(\boldsymbol{\nabla}\cdot\boldsymbol{J} + \frac{\partial\rho}{\partial t}\right)dv = 0 \tag{4.4}$$

が得られ，定常状態 $\dfrac{\partial\rho}{\partial t}$ では，

$$\boldsymbol{\nabla}\cdot\boldsymbol{J} = 0 \tag{4.5}$$

となる。式 (4.5) は定常電流における基本式の一つである。

4.3 オームの法則

導線に電流が流れる場合，導線上の任意の 2 点間に電位差 V が生じる。V は 2 点間を流れる電流 I に比例する。これを**オームの法則** (Ohm′s law) という。電位差 V と電流 I の関係は，比例定数を R として次式で表される。

$$V = RI \tag{4.6}$$

R は**電気抵抗**とよび，単位は**オーム** [Ω] である。導体の電気伝導率を σ とする。長さ l，断面積 S をもつ導体の抵抗は

$$R = \frac{l}{S\sigma} \tag{4.7}$$

と表すことができる。

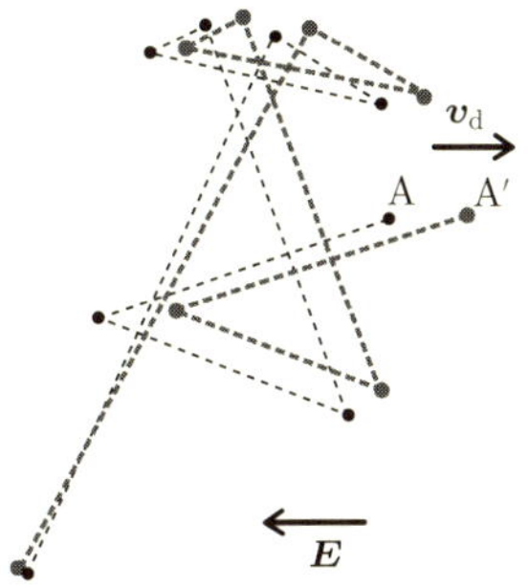

図4.2 電子の散乱とドリフト運動

オームの法則は，導体中の伝導電子の運動に基づいている。導線に電流が流れていないときは，伝導電子はランダムな運動をするだけで，どの方向にも正味の運動は生じない。導体に電流を生じさせるのは，電子のドリフト運動であり，電子が電界から受ける力によるものである。導体中の伝導電子は電界により加速されるが，結晶の不規則性によって散乱を受けて減速する。電子は，加速と減速を繰り返し一定のドリフト速度 $\boldsymbol{v}_\mathrm{d}$ をもつ。図 4.2 は，散乱を受けた電子が電界からの力を受けて A から A′ へ移動 (ドリフト) するようすを模式的に描いたものであり，線の折れ曲がり点は電子の散乱点を示している。ドリフト運動の速度を $\boldsymbol{v}_\mathrm{d}$ とすると，電流密度 $\boldsymbol{J}$ は，伝導電子の密度 n，電荷を $-e$ として

$$\boldsymbol{J} = -ne\boldsymbol{v}_\mathrm{d} \tag{4.8}$$

と表すことができる。

次に，電子の運動方程式により考察する。質量 m_e の電子が，大きさ $\boldsymbol{E}$ の電界におかれたときに加わる力を $\boldsymbol{F}$ とすると，電子の加速度は

$$\frac{d\boldsymbol{v}}{dt} = \frac{\boldsymbol{F}}{m_\mathrm{e}} = -\frac{e\boldsymbol{E}}{m_\mathrm{e}} \tag{4.9}$$

と表すことができる。電子が衝突して速度を失ってから，次に衝突するまでの平均時間を τ とすると，平均ドリフト速度 $\langle \boldsymbol{v}_\mathrm{d} \rangle$ は

$$\langle \boldsymbol{v}_\mathrm{d} \rangle = -e\boldsymbol{E}\tau/m_\mathrm{e} \tag{4.10}$$

で与えられる。式 (4.10) の速度 $\langle \boldsymbol{v}_\mathrm{d} \rangle$ をもつ自由電子による電流密度 $\boldsymbol{J}$ は，

$$\boldsymbol{J} = -ne\langle \boldsymbol{v}_\mathrm{d} \rangle = \frac{ne^2\tau\boldsymbol{E}}{m_\mathrm{e}} \tag{4.11}$$

となる。したがって，電気伝導率 σ を

$$\sigma \equiv \frac{ne^2\tau}{m_\mathrm{e}} \tag{4.12}$$

と定義すれば

$$\boldsymbol{J} = \sigma\boldsymbol{E} \tag{4.13}$$

を得る。

導線に電流が流れているとき，導線の長さ方向に l だけ離れた 2 点間の電位差 $V = El$ である。導線の断面積を S とすると導線を流れる電流 $I = JS$ である。これらの関係と式 (4.13) を利用して

$$V = \frac{J}{\sigma} l = \frac{l}{\sigma S} I \tag{4.14}$$

となり，$V = RI$ と比較して式 (4.7) の抵抗と電気伝導率の関係を得る。

4.4 ジュール熱

電流が流れている方向の導線上の 2 点を A 点および B 点とし，A 点と B 点の電位の差を V とする。このとき，A 点から B 点へ，微少時間 dt の間に $I\,dt$ だけの電荷の移動が生じているので，電荷は

$$dW = (I\,dt)V \tag{4.15}$$

に等しい仕事を受けたことになる。また，電流が定常状態であるためには，電荷が移動時に受けた仕事は，AB 間の抵抗で消費されるエネルギーに等しくなければならない。すなわち，自由電子は結晶内の不規則性による散乱を受けるが，このとき，電子の運動エネルギーは格子 (原子) の振動エネルギーに変換され導体は発熱する。これを**ジュール熱** * とよぶ。単位時間に発生するジュール熱 P は

* イギリスの物理学者ジュール (J. P. Joule) の名前に由来する。

$$P = \frac{dW}{dt} = \frac{V\,dQ}{dt} = IV = RI^2 \quad \text{[J/s]} \tag{4.16}$$

である。P は単位時間あたりの電気エネルギーであり，**電力**とよぶ。毎秒 1 J の仕事をなすときの電力 1 W という。

4.5 キルヒホッフの法則

抵抗に電流が流れるとジュール熱が発生し，電気エネルギーがその分だけ消費される。したがって，抵抗の他に，コンデンサ，後述するインダクタンスなどの回路素子を含んだ，電気回路に電流を流し続けるためには，回路の中にエネルギーを生み出す電源を組み込む必要がある。この電源には，化学反応を利用して化学エネルギーを電気エネルギーに変換する電池，電磁誘導を利用した発電機，そして太陽光エネルギーを電気エネルギーに変化する太陽電池などがあげられる。

複数の回路素子や電源が含まれる複雑な回路においては，オームの法則だけで回路設計を行うことは不可能であり，以下に述べるキルヒホッフの法則が用いられる。

4.5.1　キルヒホッフの第 1 法則

式 (4.5) は，閉曲面の内部から外へ流れ出る電流の和が 0 であることを示している。この関係は分岐のある回路においても成立する。すなわち，図 4.3 に示すように回路中の任意の分岐点に流入する電流を I_k とすると

$$\sum_{i} I_k = 0 \tag{4.17}$$

が成り立つ。これを**キルヒホッフの第 1 法則**とよぶ。

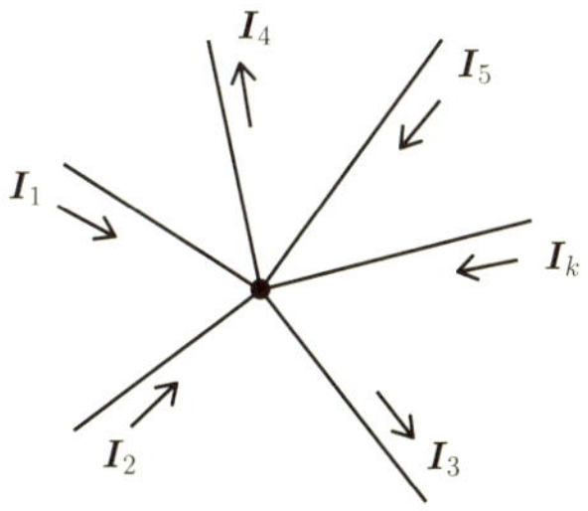

図4.3　キルヒホッフの第1法則

4.5.2　キルヒホッフの第 2 法則

図 4.4 のように，回路中の任意の閉路に沿って考えるとき，その閉路に含まれる n 個の抵抗における電圧降下の総和と，k 個の電源による起電力の総和は等しい。

$$\sum_{i=1}^{k} V_i = \sum_{i=1}^{n} R_i I_i \tag{4.18}$$

これを**キルヒホッフの第 2 法則**とよぶ。閉路を一周するときに，まわる向きと電流の向きが逆のときは負の電圧降下として取り扱う。

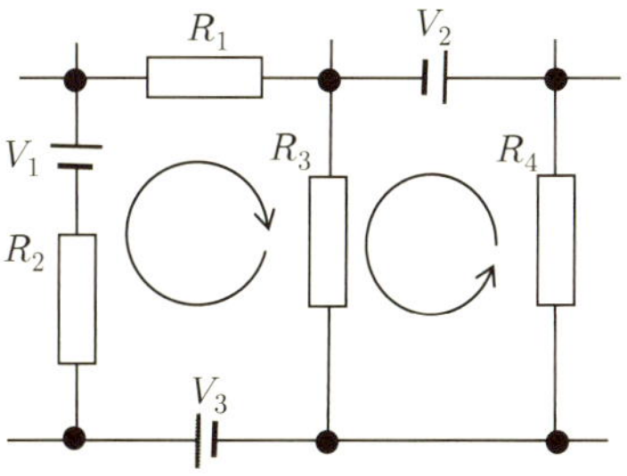

図4.4　キルヒホッフの第2法則

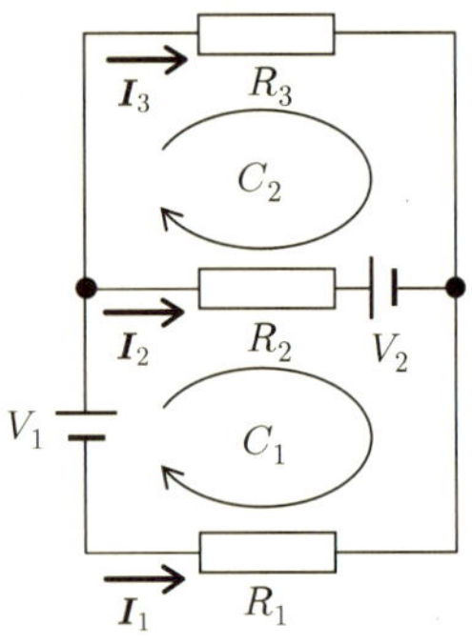

図4.5

例題 4.1 図 4.5 で示す回路の各抵抗 (R_1, R_2 および R_3) に流れる電流 (I_1, I_2 および I_3) をそれぞれ求めよ。

［解］ キルヒホッフの第 1 法則により

$$I_1 + I_2 + I_3 = 0 \quad ①$$

C_1 および C_2 の閉路に沿ったキルヒホッフの第 2 法則により

$$V_1 - V_2 = R_2 I_2 - R_1 I_1 \quad ②$$

$$V_2 = -R_2 I_2 + R_3 I_3 \quad ③$$

式①，②および③を連立させて方程式を解くと

$$I_1 = \frac{-V_1(R_2 + R_3) + V_2 R_3}{R_1 R_3 + R_1 R_2 + R_2 R_3}$$

$$I_2 = \frac{V_1 R_3 - V_2(R_2 + R_3)}{R_1 R_3 + R_1 R_2 + R_2 R_3}$$

$$I_3 = \frac{V_1 R_2 + V_2 R_1}{R_1 R_3 + R_1 R_2 + R_2 R_3}$$

演習問題 4

4.1 図 4.6 の回路の抵抗 R_1 の値は可変とする。抵抗 R_1 でのジュール熱が最大になるときの R_1 の値とそのときのジュール熱を求めよ。

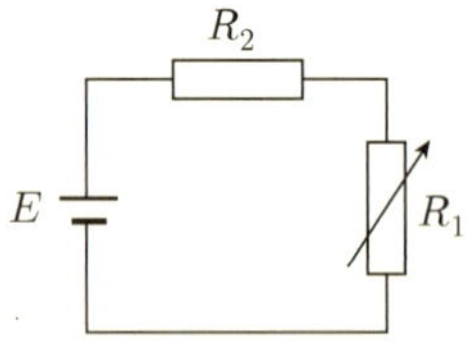

図4.6

4.2 図 4.7 のように長さ l が，同軸円筒の半径 r_2, r_1 より十分に長い場合を考える。半径 r_1 および r_2 の同軸円筒を電極として電極間の媒質の電気伝導率は σ とする。このとき電極間の抵抗 R を求めよ。

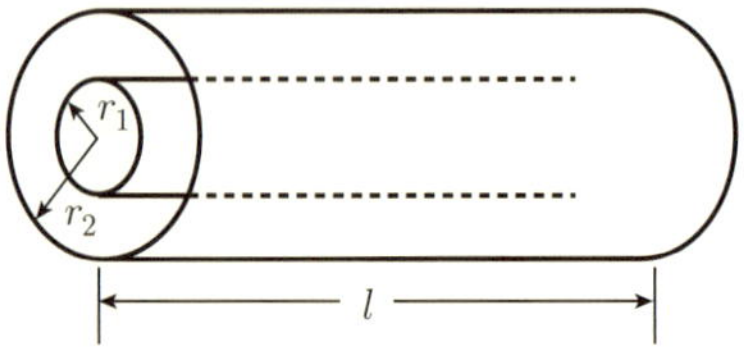

図4.7

5 定常電流による静磁界

本章では，電流がつくる静磁界に関する現象や，基本法則を理解するため，アンペールの法則や，ビオ・サバールの法則を最初に学ぶ。さらに，ベクトルポテンシャルや，荷電粒子や電流にはたらく磁界による力の性質を学ぶ。

5.1 磁荷に関するクーロンの法則

永久磁石の両端には，N 極と S 極の**磁極** (magnetic pole) があり，N 極どうし，S 極どうしの間には斥力が，N 極と S 極との間には引力がはたらく。磁力の発生点に**磁荷** (magnetic charge) があると仮定すれば，磁極のつよさを磁荷の量として表すことができる。

クーロン (C. A. Coulomb) は，細長い 2 本の棒磁石の磁極間の間にはたらく力を測定することにより電荷に対するものと同じ形の式を実験的に導いた。棒磁石の端部にある 2 つの磁荷 q_{m1}, q_{m2} の間にはたらく力は，磁荷を結ぶ直線に沿った方向をもち，その大きさは q_{m1} と q_{m2} の積に比例し，距離 r の 2 乗に反比例する。すなわち，q_{m1} が q_{m2} に及ぼす力 $\boldsymbol{F}$ は，q_{m1} から q_{m2} へ向かうベクトルを $\boldsymbol{r}$ として，

$$F \propto \frac{q_{m1}q_{m2}}{r^2}\frac{\boldsymbol{r}}{r} \tag{5.1}$$

と書ける。これを**磁荷に関するクーロンの法則**という。磁荷の符号は N 極の磁荷を正，S 極の磁荷を負と定める。

さて，電荷と磁荷には本質的な違いがある。磁荷には，真電荷に対応する**真磁荷** (true magnetic charge) が存在しない。1 本の磁石の N 極と S 極にはそれぞれ q_m および $-q_m$ の磁荷があり，磁石全体がもつ真の磁荷は 0 である。仮に，磁石を図 5.1 のように途中で切断したとしても，切った面の付近に新しく磁極が表れ，2 つの磁石となる。さらに，磁石を細かく切断しても，多数の磁石に分かれることになり，N 極の磁荷と S 極の磁荷を分離してとりだすことができない。

今日では，すべての磁気の現象は電流に関係していることがわかっているた

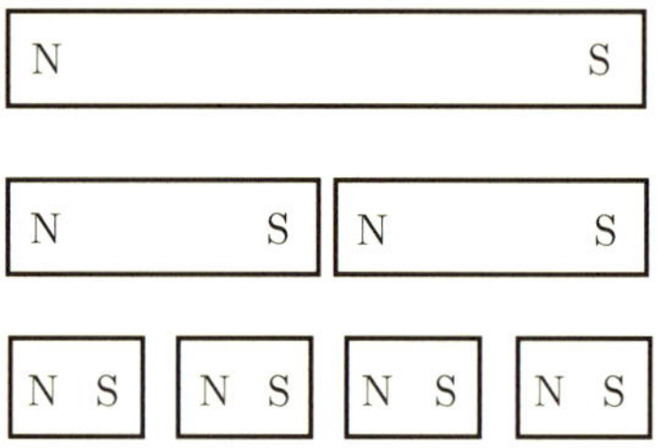

図5.1 棒磁石と磁極

め，磁気の起源を仮想的な微小電流ループによる**磁気双極子**とするモデルが一般的に受け入れられている。本章では，電流がつくる静磁界の性質を述べる。

5.2 電流と磁界

電流と磁気には本質的な相関があり，電流と磁石，電流と電流には相互作用がはたらく。エルステッド (H. C. Orsted) は導線に電流を流すと導線の近くに置いた方位磁石の向きが変化することを発見した。このことは，電流によって，導線の近傍につくられた磁場が，方位磁石に作用することを示している。磁場を表すベクトル量として，磁界 $\boldsymbol{H}$ と磁束密度 $\boldsymbol{B}$ が用いられるが，真空中では，$\boldsymbol{H}$ と $\boldsymbol{B}$ は単純な比例関係にある。

アンペール (A. M. Ampère) は 2 本の導線に電流を流すことより電流間にはたらく力を調べ，また，電流による磁界 $\boldsymbol{H}$ は右ねじの進む方向を電流の方向としたとき，右ねじの回る方向に同心円状に生ずることを発見した。

5.3 アンペールの法則

アンペールの実験結果を整理すると，**磁界 $\boldsymbol{H}$ を任意の閉じた経路に沿って積分した量はその経路で囲まれる面を貫く電流に比例する**としてよいことがわかった。これを**アンペールの法則**という (図 5.2)。

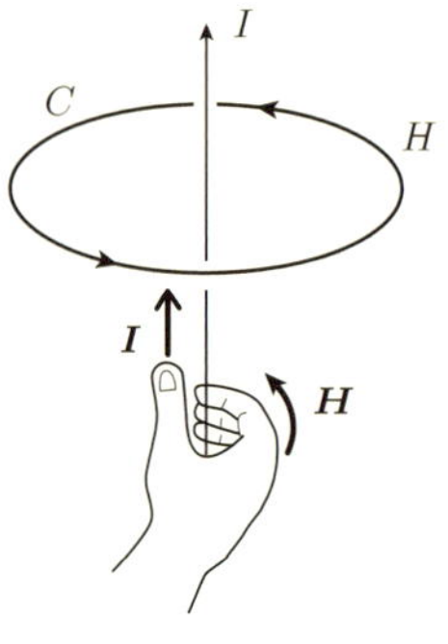

図5.2 アンペールの右ねじの法則

アンペールの法則を積分形で表すと

$$\oint_C \boldsymbol{H} \cdot d\boldsymbol{l} = I \tag{5.2}$$

となる。I は C に囲まれた，面を貫く電流である。磁界の強さの単位はアンペア/メートル [A/m] である。

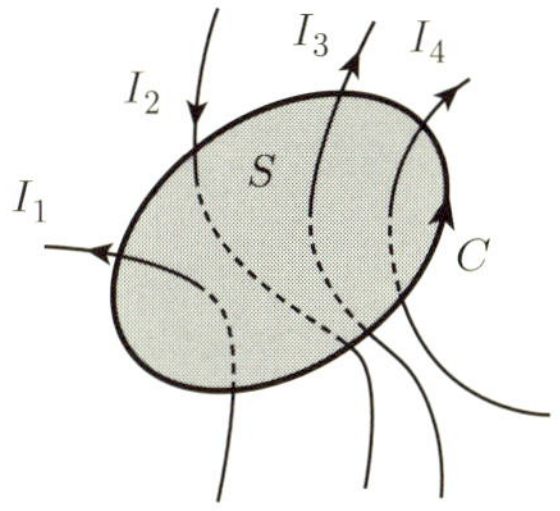

図 5.3　面を貫く電流とアンペールの法則

複数の電流 I_i が同じ C に囲まれた面 S を貫く場合には (図 5.3)，積分経路の向きを右ねじの回転としたときにねじの進む側の面を曲面の表と定義する。曲面を裏から表へ貫く電流を正，曲面を表から裏へ貫く電流を負とすれば，式 (5.2) は，曲面 S を貫く電流の和により

$$\oint_C \boldsymbol{H} \cdot d\boldsymbol{l} = \sum_i I_i \tag{5.3}$$

と，書き直すことができる。

例題 5.1　電流 I [A] が流れている無限長さの直線導線から，距離 R だけ離れた点の磁界 $H(R)$ をアンペール法則 (積分形) により求めよ。

［解］　電流によって生ずる磁界は，電流のまわりに同心円状に発生するので，導線からの距離 R とした円形の積分経路上の磁界の大きさは，すべて等しい。また，その磁界の向きは，積分経路の接線方向に一致する。したがって，式 (5.2) のアンペールの法則より

$$\oint_C \boldsymbol{H} \cdot d\boldsymbol{l} = 2\pi R H(R) = I$$

$$H(R) = \frac{I}{2\pi R} \quad \text{[A/m]}$$

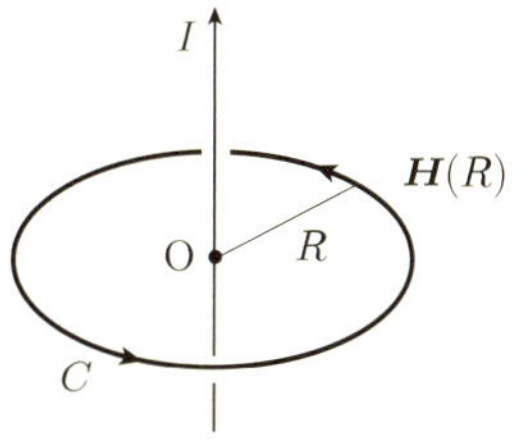

図 5.4　無限長直線電流による磁界

5.4 ベクトル場の回転とストークスの定理

本節では，電流と磁界の関係を記述するために必要なベクトル解析の重要な公式について説明する。

5.4.1 ベクトルの回転

$\boldsymbol{A}(\boldsymbol{r})$ をベクトル場とする。微小曲面 ΔS を考え，その周囲の閉曲線 C の向きを定める (図 5.5)。右ねじを C の向きに回すときに進む方向の面を曲面の表とし，表側の面の単位法線ベクトルを $\boldsymbol{n}$ とする。このとき次で定義されるベクトルを点 P における $\boldsymbol{A}$ の回転 (rotation) といい，$\mathrm{rot}\,\boldsymbol{A}$ と書く。

$$\mathrm{rot}\,\boldsymbol{A}\cdot\boldsymbol{n} \equiv \lim_{\Delta s\to 0}\frac{\oint_C \boldsymbol{A}\cdot d\boldsymbol{l}}{\Delta S} \tag{5.4}$$

この $\mathrm{rot}\,\boldsymbol{A}$ を成分表示すると

$$\begin{aligned}\mathrm{rot}\,\boldsymbol{A} &= \left(\frac{\partial A_z}{\partial y}-\frac{\partial A_y}{\partial z}\right)\boldsymbol{i}+\left(\frac{\partial A_x}{\partial z}-\frac{\partial A_z}{\partial x}\right)\boldsymbol{j}+\left(\frac{\partial A_y}{\partial x}-\frac{\partial A_x}{\partial y}\right)\boldsymbol{k}\\ &= \begin{vmatrix}\boldsymbol{i} & \boldsymbol{j} & \boldsymbol{k}\\ \frac{\partial}{\partial x} & \frac{\partial}{\partial y} & \frac{\partial}{\partial z}\\ A_x & A_y & A_z\end{vmatrix}\end{aligned} \tag{5.5}$$

となる。また，ベクトル微分演算子 $\boldsymbol{\nabla}$ を用いて $\mathrm{rot}\,\boldsymbol{A}=\boldsymbol{\nabla}\times\boldsymbol{A}$ と書くこともできる。

次に，式 (5.5) を確かめるために，式 (5.4) を計算してみよう。そのために，図 5.6 のように，$z_0=0$ 平面内にある点 $\mathrm{P}(x_0,y_0,0)$ を考え，その点のまわりに xy 平面内の小ループ C_z をとる。そして，この小ループに沿った，次の線積分を求める。

$$\oint_{C_z}\boldsymbol{A}\cdot d\boldsymbol{l}=\int_{\mathrm{Q}}^{\mathrm{R}}\boldsymbol{A}\cdot d\boldsymbol{l}+\int_{\mathrm{R}}^{\mathrm{S}}\boldsymbol{A}\cdot d\boldsymbol{l}+\int_{\mathrm{S}}^{\mathrm{T}}\boldsymbol{A}\cdot d\boldsymbol{l}+\int_{\mathrm{T}}^{\mathrm{Q}}\boldsymbol{A}\cdot d\boldsymbol{l} \tag{5.6}$$

ここで，長方形の頂点の座標は

$$\mathrm{Q}\left(x_0-\frac{\Delta x}{2},\ y_0-\frac{\Delta y}{2},\ 0\right),\qquad \mathrm{R}\left(x_0+\frac{\Delta x}{2},\ y_0-\frac{\Delta y}{2},\ 0\right),$$

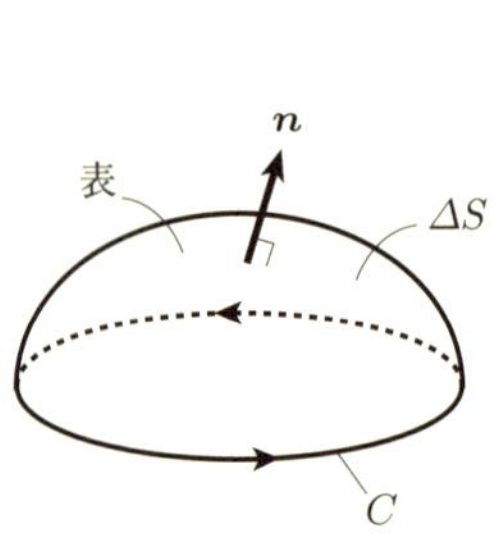

図5.5 微小曲面 ΔS と閉曲線 C

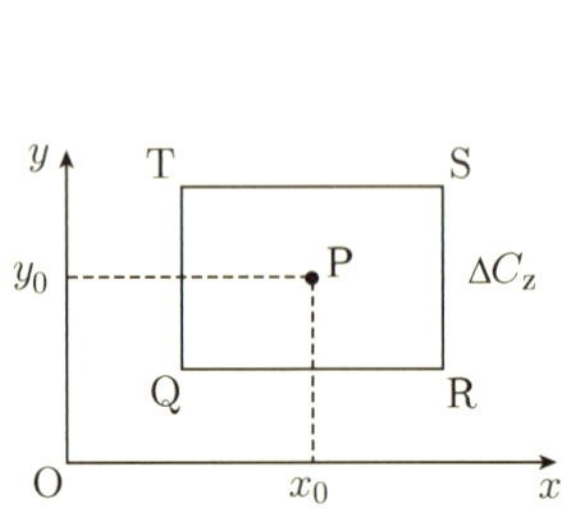

図5.6 点 P のまわりの積分経路

$$\mathrm{S}\left(x_0+\frac{\Delta x}{2},\ y_0+\frac{\Delta y}{2},\ 0\right), \qquad \mathrm{T}\left(x_0-\frac{\Delta x}{2}, y_0+\frac{\Delta y}{2},\ 0\right)$$

とする。式 (5.6) の第 1 項について，QR 上における $\boldsymbol{A}(=A_{\mathrm{x}}\boldsymbol{i}+A_{\mathrm{y}}\boldsymbol{j}+A_{\mathrm{z}}\boldsymbol{k})$ の変化は無視し，線分 QR 点の中点の座標における値で代表する。そのとき，Q から R までの線積分は，

$$\int_{\mathrm{Q}}^{\mathrm{R}} \boldsymbol{A}\cdot d\boldsymbol{l} = \int_{x_0-\frac{\Delta x}{2}}^{x_0+\frac{\Delta x}{2}} A_x\left(x, y_0-\frac{\Delta y}{2}, 0\right) dx$$
$$\approx \Delta x A_x\left(x_0, y_0-\frac{\Delta y}{2}, 0\right) \tag{5.7}$$

で与えられる。同様にして残りの線分 RS, ST, TQ について積分を行うと，式 (5.6) の周回積分は，

$$\oint_{C_{\mathrm{z}}} \boldsymbol{A}\cdot d\boldsymbol{l} \approx A_x\left(x_0, y_0-\frac{\Delta y}{2}, 0\right)\Delta x + A_y\left(x_0+\frac{\Delta x}{2}, y_0, 0\right)\Delta y$$
$$- A_x\left(x_0, y_0+\frac{\Delta y}{2}, 0\right)\Delta x - A_y\left(x_0-\frac{\Delta x}{2}, y_0, 0\right)\Delta y$$

となる。また

$$\left\{A_x\left(x_0, y_0-\frac{\Delta y}{2}, 0\right) - A_x\left(x_0, y_0+\frac{\Delta y}{2}, 0\right)\right\}\Delta x \approx -\frac{\partial A(x_0, y_0, 0)}{\partial y}\Delta x\Delta y$$

などを用いると，結局 C_z に沿った周回積分は，$\boldsymbol{r}=(x_0, y_0, 0)$ として

$$\oint_{C_z} \boldsymbol{A}\cdot d\boldsymbol{l} \approx \left(\frac{\partial A_y(\boldsymbol{r})}{\partial x} - \frac{\partial A_x(\boldsymbol{r})}{\partial y}\right)\Delta x\Delta y$$

となるため，rot $\boldsymbol{A}$ の z 成分は次式で与えられる。

$$\mathrm{rot}\,\boldsymbol{A}\cdot\boldsymbol{k} = \lim_{\Delta s\to 0}\frac{\oint_{C_z}\boldsymbol{A}\cdot d\boldsymbol{l}}{\Delta S} = \frac{\partial A_y(\boldsymbol{r})}{\partial x} - \frac{\partial A_x(\boldsymbol{r})}{\partial y}$$

同様に，rot $\boldsymbol{A}$ の x および y 成分も求めると式 (5.5) が導かれる。

5.4.2　ストークスの定理

さて，S を微小な面積 ΔS_i に分割して，ΔS_i の周囲の閉曲線を C_1 とすると，式 (5.4) より

$$\int_S \mathrm{rot}\,\boldsymbol{A}\cdot d\boldsymbol{S} = \sum_i (\mathrm{rot}\,\boldsymbol{A})n_i\Delta S_i = \sum_i \oint_{C_i}\boldsymbol{A}\cdot d\boldsymbol{l} \tag{5.8}$$

最後の項の線積分について考えてみると，隣り合う微小面積の境界線上において，$\boldsymbol{A}$ は同じで積分の向きは逆になる。S を分割して微小面積で計算された線積分の総和は，S の周囲 C を積分経路とする線積分の値に等しいため，次式が得られる。

$$\int_S \mathrm{rot}\,\boldsymbol{A}\cdot d\boldsymbol{S} = \oint_C \boldsymbol{A}\cdot d\boldsymbol{l} \tag{5.9}$$

この関係は**ストークス (Stokes) の定理**といい，ガウスの定理とともに電磁気学の基本法則の記述に用いられる。

5.5 磁界の基本方程式

電流が一般に分布して流れる場合は，式 (5.3) の右辺は，磁界の線積分の経路を周囲にもつ任意の曲面上での電流密度の積分に置き換えられる。

$$\oint_C \boldsymbol{H} \cdot d\boldsymbol{l} = \int_S \boldsymbol{J} \cdot d\boldsymbol{S} \tag{5.10}$$

ストークスの定理を利用して，式 (5.10) の左辺を書き換えると

$$\int_S (\boldsymbol{\nabla} \times \boldsymbol{H}) \cdot s\boldsymbol{S} = \int_S \boldsymbol{J} \cdot d\boldsymbol{S} \tag{5.11}$$

となる。この式は，任意の曲面について成り立つので，**アンペールの法則の微分形**として

$$\boldsymbol{\nabla} \times \boldsymbol{H} = \boldsymbol{J} \tag{5.12}$$

が得られる。磁束密度 $\boldsymbol{B}$ と磁界 $\boldsymbol{H}$ の関係は，真空中では，真空の透磁率 $\mu_0(4\pi \times 10^{-7}\ [\mathrm{H/m}])$ を用いて

$$\boldsymbol{B} = \mu_0 \boldsymbol{H}$$

と表すことができる。

磁束密度の単位はテスラ [T] である。単位 [H] = $[\mathrm{kg \cdot m^2/C^2}]$ はヘンリーとよび，後述のインダクタンスの単位である。

さて，曲面 S をつらぬく磁束 ϕ は，磁束密度を $\boldsymbol{B}$ とすると

$$\phi = \int_S \boldsymbol{B} \cdot d\boldsymbol{S} = \int_S (\boldsymbol{B} \cdot \boldsymbol{n})\, d\boldsymbol{S} \tag{5.13}$$

ただし，$\boldsymbol{n}$ は面の単位法線ベクトルである。開曲面の場合は，面の縁を右ねじにまわりに回ったときにねじの進む向きに単位法線ベクトルをとる。閉局面のときは，面の外向きに単位法線ベクトルをとる。磁束は連続であり，磁束が分布した空間に任意の閉曲面をとると，その閉曲面内に入った磁束はその中で消滅することもなく，またその中で磁束が生み出されることもない。つまり，閉曲面内を法線方向に (内から外へ) 貫く磁束を正に，法線と逆向き (外から内へ) 貫く磁束を負にとることを考慮すれば

$$\oint_S \boldsymbol{B} \cdot d\boldsymbol{S} = 0 \tag{5.14}$$

が成り立つ。したがって，ガウスの定理により

$$\boldsymbol{\nabla} \cdot \boldsymbol{B} = 0 \tag{5.15}$$

が得られる。

このように，以下の3つの式

$$\begin{cases} \nabla \times \boldsymbol{H} = \boldsymbol{J} \\ \nabla \cdot \boldsymbol{B} = 0 \\ \boldsymbol{B} = \mu_0 \boldsymbol{H} \end{cases} \tag{5.16}$$

は定常電流がつくる真空中の静磁界の基礎方程式である。

例題 5.2　半径 a の無限に長い円柱の導体に電流 I が一様に流れている。アンペールの法則を用いて導体の内部と外部での磁界 H を求めよ。

［解］電流の対称性から，磁束の分布は円柱導体の中心軸を中心とする同心円状である (図 5.7)。半径 r の同心円 C を閉曲線としてアンペールの法則を適用する。このとき，閉曲線 C の円周上において磁束密度の大きさは同じで r のみに依存する。

(1) $r > a$ のとき，閉局線内を流れる電流は I なので，式 (5.10) より

$$2\pi r H(r) = I$$

したがって

$$H(r) = \frac{I}{2\pi r}$$

(2) $r < a$ のとき，式 (5.10) より

$$2\pi r H(r) = I \frac{\pi r^2}{\pi a^2}$$

したがって

$$H(r) = \frac{Ir}{2\pi a^2}$$

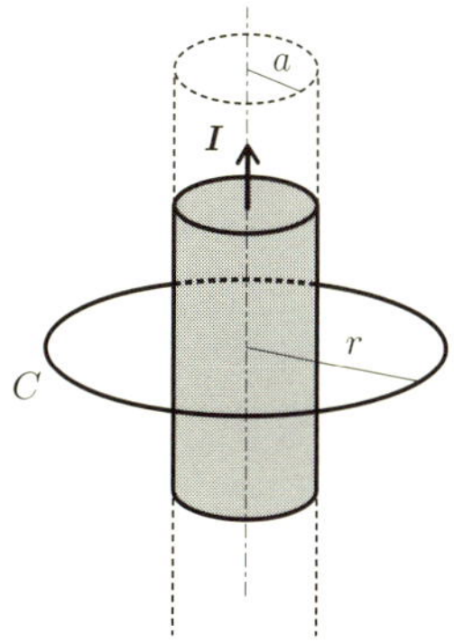

図 5.7　円柱導体のつくる磁界

5.6　ビオ・サバールの法則

細い線状の導体を流れる電流がつくる磁界の一般的な計算方法として，ビオ・サバールの法則 (law of Biot and Savart) が利用できる。図 5.8 に示す dl の小部分に流れる電流 I (これを**電流素片**とよぶ) が点 P につくる磁界を $d\boldsymbol{H}$ とする。点 P の位置ベクトル $\boldsymbol{r}$，電流素片の位置ベクトルを $\boldsymbol{r}'$ として，$d\boldsymbol{H}$ は，次式で与えられる。

$$d\boldsymbol{H} = \frac{I}{4\pi} \frac{d\boldsymbol{l} \times (\boldsymbol{r} - \boldsymbol{r}')}{|\boldsymbol{r} - \boldsymbol{r}'|^3} = \frac{I}{4\pi} \frac{d\boldsymbol{l} \times \boldsymbol{R}}{|\boldsymbol{R}|^3} \tag{5.17}$$

これを**ビオ・サバールの法則**という。

また，電流が細長い導線できた任意の形の回路を流れているとき，その回路電流がつくる磁界は次の線積分により求めることができる。

$$\boldsymbol{H} = \frac{I}{4\pi} \oint_C \frac{\boldsymbol{t}(\boldsymbol{r}') \times (\boldsymbol{r} - \boldsymbol{r}')}{|r - r'|^3} \, dl \tag{5.18}$$

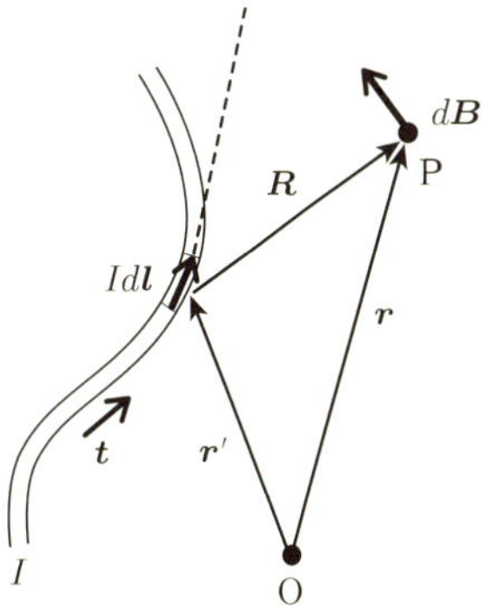

図 5.8　ビオ・サバールの法則

ただし，$\boldsymbol{t}$ は流れる電流の接線方向の単位ベクトである。ビオとサバールは直線状の針金に電流を流し，細い糸を吊るした磁針を用いて電流のまわりに生ずる磁界を計測して実験的にこの法則を得た。

例題 5.3　図 5.9 に示すように，円形回路に電流 I が流れている。その中心軸上の点 P につくる磁界の大きさをビオ・サバールの法則より求めよ。

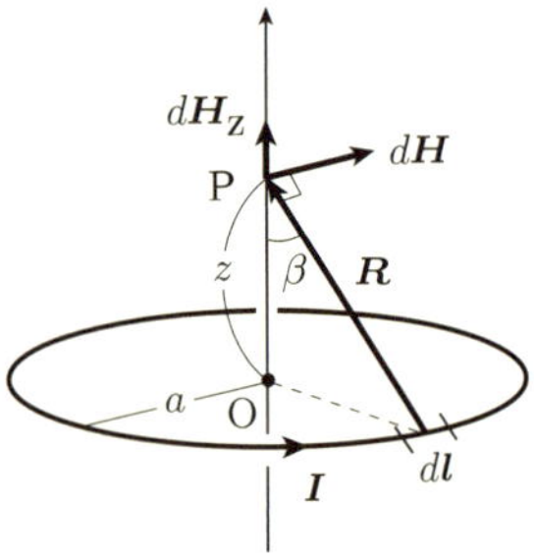

図 5.9　円電流中心軸上の磁場の大きさ

［解］　図 5.9 の円電流の向きとベクトル $\boldsymbol{R}$ の方向は直交している。したがって，長さ dl の電流の素片がつくる z 軸上の磁界の大きさ dH は，ビオ・サバールの法則により，次式で与えられる。

$$dH = \frac{I}{4\pi}\frac{dl}{|\boldsymbol{R}|^2}$$

また，$d\boldsymbol{H}$ の z 方向成分 dH_z は β を用いて

$$dH_z = \frac{I\,dl}{4\pi|\boldsymbol{R}|^2}\sin\beta$$

と表すことができる。z 軸上の磁界は，円形回路の対称性から z 方向の成分のみとなり，dH_z は円形コイル上の dl の位置によらないから上式の dl を $2\pi a$ に置き換えた式が z 軸上の磁界の大きさを与える。ここで，

$$\sin\beta = \frac{a}{|\boldsymbol{R}|} \quad \text{および} \quad |\boldsymbol{R}| = \sqrt{a^2+z^2}$$

として H_z を求めると

$$H_z(z) = \frac{I}{4\pi}\frac{2\pi a^2}{(\sqrt{a^2+z^2})^3} = \frac{a^2 I}{2(a^2+z^2)^{3/2}}$$

例題 5.4　無限に長い直線上の導線に流れる電流がつくる磁界をビオ・サバールの法則により求めよ。

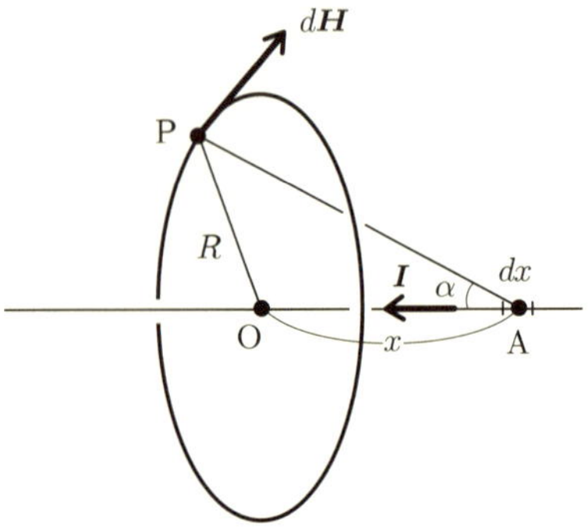

図 5.10　無限長直線電流がつくる磁界の計算

［解］　導線から距離 R の位置を点 P とする (図 5.10)。点 P の磁界 dH が導線上の点 A の素片 dx に流れる電流 I からつくられているとしてビオ・サバールの法則により式を書くと

$$dH = \frac{I}{4\pi}\frac{dx}{(x^2+R^2)}\sin\alpha$$

ただし，α は線分 AO と線分 AP がなす角であり

$$\sin\alpha = \frac{R}{\sqrt{x^2+R^2}}$$

と表すことができる。したがって，無限に長い直線上導線を流れる電流によって点 P につくられる磁界 H は微小な素片に流れる電流がつくる磁界の積分として

$$H = \int dH = \frac{I}{4\pi}\int_{-\infty}^{\infty}\frac{R}{(x^2+R^2)^{3/2}}\,dx$$

により得られる。この積分は，$x = R\tan\theta$ とおいて x から θ へ積分の変数を変換すると計算が容易になる。すなわち，

$$x^2+R^2 = R^2(1+\tan^2\theta) = \frac{R^2}{\cos^2\theta}$$

$$dx = R\,d\theta\frac{1}{\cos^2\theta}$$

として，積分の範囲は $-\pi/2$ から $\pi/2$ に変換されるので

$$H = \frac{I}{4\pi R}\int_{-\pi/2}^{\pi/2}\cos\theta\,d\theta = \frac{I}{2\pi R}$$

を得る。ビオ・サバールの法則を用いて得られる計算結果と，式 (5.2) のアンペールの法則により得られる結果は等しい。

5.7 ベクトルポテンシャル

静磁界の基礎方程式では，$\boldsymbol{\nabla}\cdot\boldsymbol{B}(\boldsymbol{r}) = 0$ が成り立つことを学んだ。そこで，**磁界のベクトルポテンシャル** $\boldsymbol{A}(\boldsymbol{r})$ により

$$\boldsymbol{B}(\boldsymbol{r}) = \boldsymbol{\nabla}\times\boldsymbol{A}(\boldsymbol{r}) \tag{5.19}$$

と表すことにする。なぜなら，ベクトルの公式により $\boldsymbol{\nabla}\cdot(\boldsymbol{\nabla}\times\boldsymbol{A}) = \boldsymbol{0}$ であり

$$\boldsymbol{\nabla}\cdot\boldsymbol{B}(\boldsymbol{r}) = \boldsymbol{\nabla}\cdot(\boldsymbol{\nabla}\times\boldsymbol{A}(\boldsymbol{r})) = \boldsymbol{0}$$

が常に成立するからである。

次に，ベクトルポテンシャル $\boldsymbol{A}(\boldsymbol{r})$ を求めてみよう。アンペールの法則を表す式 (5.12) を真空中の磁束密度 $\boldsymbol{B} = \mu_0\boldsymbol{H}$ を用いて変形すると，次式が得られる。

$$\boldsymbol{\nabla}\times\boldsymbol{B}(\boldsymbol{r}) = \mu_0\boldsymbol{J}(\boldsymbol{r}) \tag{5.20}$$

さらに，$\boldsymbol{B}(\boldsymbol{r}) = \boldsymbol{\nabla}\times\boldsymbol{A}(\boldsymbol{r})$ の関係を上式に代入して

$$\boldsymbol{\nabla}\times(\boldsymbol{\nabla}\times\boldsymbol{A}(\boldsymbol{r})) = \mu_0\boldsymbol{J}(\boldsymbol{r}) \tag{5.21}$$

ここで，$\boldsymbol{\nabla}\times(\boldsymbol{\nabla}\times\boldsymbol{A}(\boldsymbol{r})) = -\boldsymbol{\nabla}^2\boldsymbol{A}(\boldsymbol{r}) + \boldsymbol{\nabla}(\boldsymbol{\nabla}\cdot\boldsymbol{A}(\boldsymbol{r}))$ である。$\boldsymbol{\nabla}\cdot\boldsymbol{A}(\boldsymbol{r}) = \boldsymbol{0}$ (クーロンゲージとよぶ) とした条件により式 (5.18) は，

$$\boldsymbol{\nabla}^2\boldsymbol{A}(\boldsymbol{r}) = -\mu_0\boldsymbol{J}(\boldsymbol{r}) \tag{5.22}$$

$$\left.\begin{aligned}\boldsymbol{\nabla}^2 A_x(\boldsymbol{r}) &= -\mu_0 J_x(\boldsymbol{r})\\ \boldsymbol{\nabla}^2 A_y(\boldsymbol{r}) &= -\mu_0 J_y(\boldsymbol{r})\\ \boldsymbol{\nabla}^2 A_z(\boldsymbol{r}) &= -\mu_0 J_y(\boldsymbol{r})\end{aligned}\right\}$$

と表すことができる。このように，$\boldsymbol{A}(\boldsymbol{r})$ の各成分に成り立つ方程式は，静電界のポアソンの方程式

$$\nabla^2 \phi(\boldsymbol{r}) = -\frac{\rho(r)}{\varepsilon_0}$$

の $1/\varepsilon_0$ を μ_0 に置き換えた形をしている。すなわち，静電界のスカラーポテンシャル $\phi(\boldsymbol{r})$ が，静磁界ではベクトルポテンシャル $\boldsymbol{A}(\boldsymbol{r})$ に置き換わったとしてよい。電流密度分布が与えられれば，次の式を利用して，ベクトルポテンシャルを求めることができる。

$$\boldsymbol{A}(\boldsymbol{r}) = \frac{\mu_0}{4\pi}\int_v \frac{\boldsymbol{J}(\boldsymbol{r}')}{|\boldsymbol{r}-\boldsymbol{r}'|}\,dv \tag{5.23}$$

ただし，$\boldsymbol{r}'$ は電流が流れている位置を示すベクトルで，dv は電流が流れている範囲 (体積) に渡る積分である。

電流が細長い導線を流れているとき，式 (5.23) を電流素片がつくるベクトルポテンシャルとして書き直すと，

$$d\boldsymbol{A}(\boldsymbol{r}) = \frac{\mu_0 I}{4\pi}\frac{\boldsymbol{dl}}{|\boldsymbol{r}-\boldsymbol{r}'|} \tag{5.24}$$

磁束密度 $d\boldsymbol{B}(\boldsymbol{r})$ を式 (5.24) のベクトルポテンシャルより求める場合に，次の関係が成り立つ。

$$\begin{aligned}d\boldsymbol{B}(\boldsymbol{r}) &= \boldsymbol{\nabla}\times\left\{\frac{\mu_0 I}{4\pi}\frac{\boldsymbol{dl}}{|\boldsymbol{r}-\boldsymbol{r}'|}\right\}\\ &= \frac{\mu_0 I}{4\pi}\left\{\frac{1}{|\boldsymbol{r}-\boldsymbol{r}'|}\boldsymbol{\nabla}\times \boldsymbol{dl} + \boldsymbol{\nabla}\frac{\boldsymbol{1}}{|\boldsymbol{r}-\boldsymbol{r}'|}\times \boldsymbol{dl}\right\}\end{aligned}$$

ここで，$\boldsymbol{\nabla}$ は $\boldsymbol{r}$ に関する微分のため $\boldsymbol{dl}$ には無関係で $\boldsymbol{\nabla}\times \boldsymbol{dl} = 0$ となる。したがって

$$d\boldsymbol{B}(\boldsymbol{r}) = \frac{\mu_0 I}{4\pi}\frac{\boldsymbol{dl}\times(\boldsymbol{r}-\boldsymbol{r}')}{|\boldsymbol{r}-\boldsymbol{r}'|^3}$$

を得る。この式は，ビオ・サバールの法則に一致する。

例題 5.5 任意のベクトル $\boldsymbol{A}$ に対して $\boldsymbol{\nabla}\cdot(\boldsymbol{\nabla}\times\boldsymbol{A}) = \boldsymbol{0}$ が成立することを示せ。

［解］ 以下の簡単な計算で示すことができる。

$$\begin{aligned}\boldsymbol{\nabla}\cdot\{\boldsymbol{\nabla}\times\boldsymbol{A}(\boldsymbol{r}) &= \frac{\partial}{\partial x}(\boldsymbol{\nabla}\times\boldsymbol{A})_x + \frac{\partial}{\partial y}(\boldsymbol{\nabla}\times\boldsymbol{A})_y + \frac{\partial}{\partial z}(\boldsymbol{\nabla}\times\boldsymbol{A})_z\\ &= \frac{\partial}{\partial x}\left(\frac{\partial A_z}{\partial y}-\frac{\partial A_y}{\partial z}\right) + \frac{\partial}{\partial y}\left(\frac{\partial A_x}{\partial z}-\frac{\partial A_z}{\partial x}\right)\frac{\partial}{\partial z}\left(\frac{\partial A_y}{\partial x}-\frac{\partial A_x}{\partial y}\right)\\ &= 0\end{aligned}$$

ただし，偏微分は順番を入れ替えても結果は同じであることを用いた。

5.8 荷電粒子と電流にはたらく力

運動している荷電粒子は力を受ける。この力を**ローレンツ力** *とよぶ。磁束密度 $\boldsymbol{B}$ の中で，速度 v で移動している電荷 q をもつ荷電粒子にはたらくこのローレンツ力 $\boldsymbol{F}$ は

$$\boldsymbol{F} = q\boldsymbol{v} \times \boldsymbol{B} \tag{5.25}$$

と表せる。

＊ ローレンツ (H. A. Lorentz) はオランダの物理学者

電界 $\boldsymbol{E}$ と磁束密度 $\boldsymbol{B}$ が同時に存在するときは，荷電粒子が受けるローレンツ力 $\boldsymbol{F}$ は

$$\boldsymbol{F} = q\boldsymbol{E} + q\boldsymbol{v} \times \boldsymbol{B} \tag{5.26}$$

となる。

次に，電流 I が流れている直線導線が，一様な磁束密度 $\boldsymbol{B}$ の中に置かれているとき，$\boldsymbol{B}$ から受ける力を求めよう。$I = dq/dt$ より，電荷 dq の荷電粒子が直線導体中を速度 $\boldsymbol{v}$ で移動しているとき受ける力を $d\boldsymbol{f}$ とすると

$$d\boldsymbol{f} = dq(\boldsymbol{v} \times \boldsymbol{B}) = \boldsymbol{I}\,dt(\boldsymbol{v} \times \boldsymbol{B}) = I\,d\boldsymbol{l} \times \boldsymbol{B}$$

となる。ここで，$d\boldsymbol{l}$ は荷電粒子の移動方向と移動距離を表すベクトルである。電流をベクトル $\boldsymbol{I}$ で表すとき，一様な磁束密度の中に置かれた，長さ L の導線が $\boldsymbol{B}$ から受ける力 $\boldsymbol{F}$ は

$$\boldsymbol{F} = \boldsymbol{I} \times \boldsymbol{B}L \tag{5.27}$$

となる。

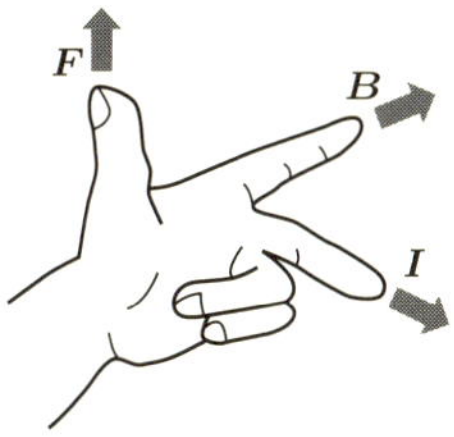

図 5.11 フレミング左手の法則

この関係は，図 5.11 のベクトルによって表すことができる。直角にたてた左手の親指を $\boldsymbol{F}$，中指を電流 $\boldsymbol{I}$，人差し指を磁束密度 $\boldsymbol{B}$ に対応させた，**フレミング左手の法則** (Fleming's left-hand rule) とよばれている。

例題 5.6 図 5.12 に示すように，一様な磁束密度 $\boldsymbol{B} = \mu_0\boldsymbol{H}$ の中に 1 片の長さが a の正方形の回路が置かれている。回路面の法線と $\boldsymbol{B}$ の間の角度は θ であり，回路に流れている電流は I である。このとき回路にはたらくトルク $\boldsymbol{T}_{\mathrm{m}}$ を求めよ。

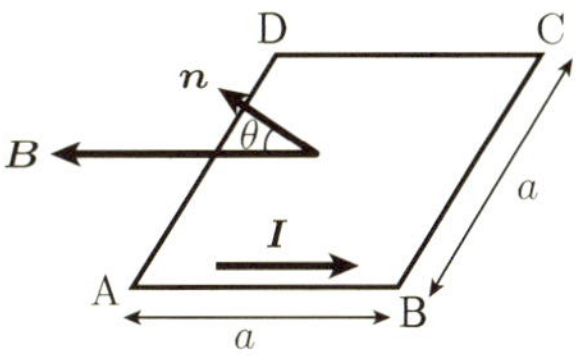

図 5.12 磁束密度 B 中の正方形回路

[解] AD と BC でははたらく力の向きが逆で，作用線が一致しているため打ち消し合う。AB と CD の上でははたらく力の大きさ $F = Bla$ であり，力の作用線がずれて，向きが逆である。したがって回路には偶力がはたらく。作用線からの距離は $a\sin\theta$ であり，トルクの大きさ T_{m} は

$$T_{\mathrm{m}} = Bla^2 \sin\theta$$

となる。ここで，回路の面積を $S\ (= a^2)$ として，トルクベクトル $\boldsymbol{T}_{\mathrm{m}}$ は

$$\boldsymbol{T}_{\mathrm{m}} = \boldsymbol{IS}\boldsymbol{n} = \mu_0 \boldsymbol{IS}\boldsymbol{n} \times \boldsymbol{H} \tag{5.28}$$

と表すことができる。

演習問題 5

5.1　図 5.13 に示すように，長さ l の有限長の直線導線に電流 I が流れている。電流線から垂直距離 d だけ離れた点 P による磁界を求め x の関数として表せ。

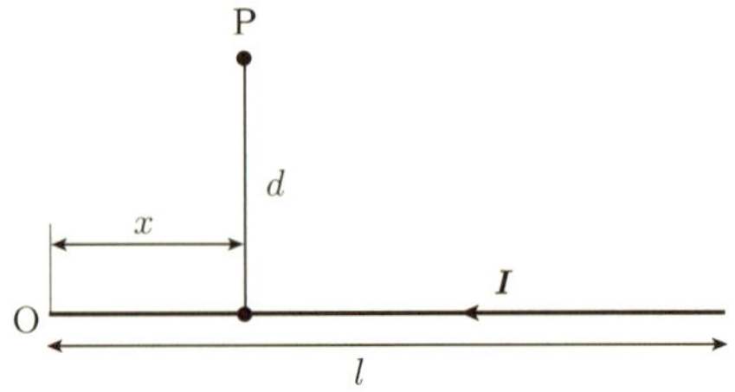

図5.13　有限長の直線電流による磁界

5.2　同じ強さの電流 I が流れる半径の等しい 2 つの円形コイルを図 5.14 のように中心軸を一致させて，半径の距離に並べたものをヘルムホルツ (Helmholtz) コイルという。ヘルムホルツコイルがつくる磁界 H について以下の問いに答えよ。

(1)　ヘルムホルツコイルの中心 (図の原点 O) における磁界 H を求めよ。

(2)　コイル中心の H について，y に関する 1 次微分の値と y に関する 2 次微分の値をそれぞれ求めよ。

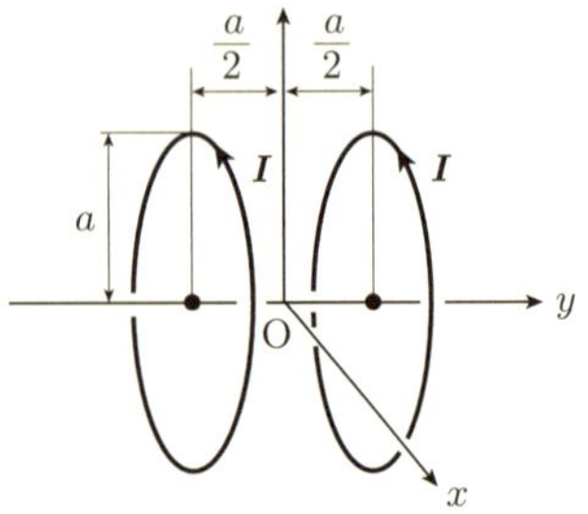

図5.14　ヘルムホルツコイルによる磁界

5.3　(1)　図 5.15(a) のように xz に平行な無限に広い平面状 (厚さ t) の導体の中を，z 軸の向きに (紙面に対して上向き) 電流が電流密度 J の大きさで一様に流れている。$y>0$ および $y<0$ の領域に分けてそれぞれの空間での磁束密度の大きさと方向をアンペールの法則により求めよ。

(2) 図 5.15(b) のように xz に平行な 2 枚の無限に広い平面状 (厚さ t) の導体の中を，電流が電流密度 J の大きさで，z 軸に平行でお互いに逆向きに流れている。導体に挟まれた空間とそれ以外の空間に分けて磁束密度の大きさと方向を求めよ。

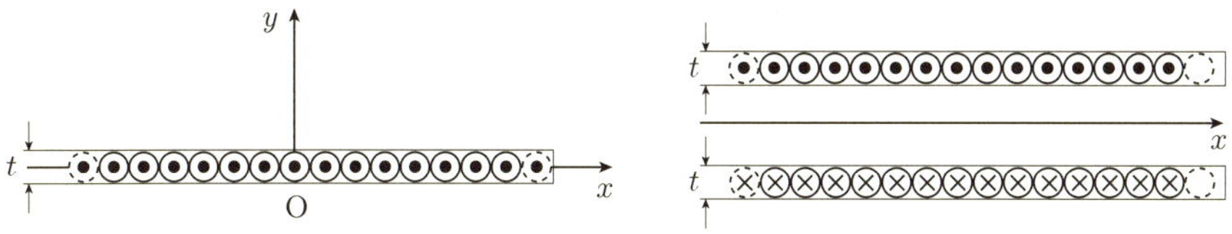

(a)　　　　　　(b)

図5.15　平面状電流による磁界

5.4　図 5.16 のように，導体に電流を流しながら，電流に垂直方向に磁束密度 $\boldsymbol{B}$ を加えると，$\boldsymbol{B}$ と電流の両者に垂直方向に電界 $\boldsymbol{E}$ が生ずる。この現象を**ホール効果**という。ローレンツ力と電界による力がつり合うとして，電界の強さ E を伝導電子の密度 n，電子の電荷 $-e$，電流密度 $\boldsymbol{J}$ および磁束密度 $\boldsymbol{B}$ により表せ。

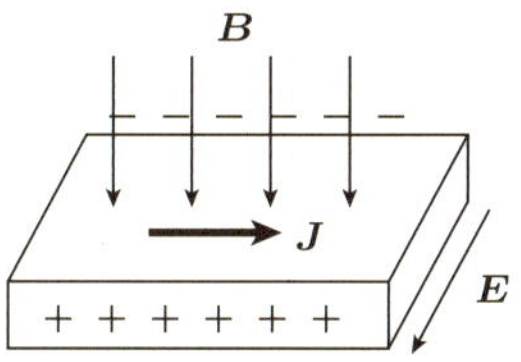

図5.16　ホール効果

5.5　磁束密度 $\boldsymbol{B}$ が一様な空間中で面 S を貫く磁束を ϕ とする。ベクトルポテンシャル $\boldsymbol{A}$ の線積分として ϕ を表せ。

5.6　単位長さあたり n 回のコイルを巻いたソレノイドに強さ I の電流を流したときのソレノイドコイル内の磁界をアンペールの法則のより求めよ。ソレノイドの長さは無限長としてよい。

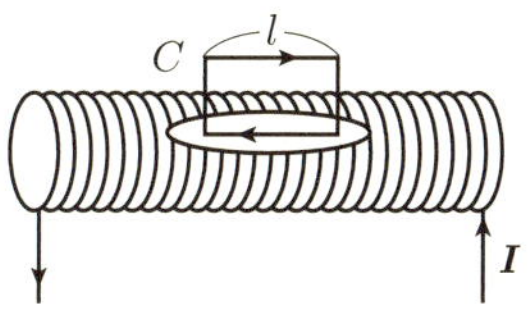

図5.17　円筒形コイル(ソレノイド)のつくる磁界

6 磁性体と静磁界

本章では，磁性体を含む静磁界の系と誘電体を含む静電界の系を比較して，磁気的な量と電気的な量の対応関係を説明する。また磁束密度 $\boldsymbol{B}$，磁界 $\boldsymbol{H}$ および磁化 $\boldsymbol{M}$ がつくるベクトル場の違いを述べる。さらに，強磁性体と静磁界のエネルギーや，磁気回路について学ぶ。

6.1 磁気双極子モーメントと磁化

一様な電界 $\boldsymbol{E}$ 中に置いた電気双極子にはたらくトルク $\boldsymbol{T}_{\mathrm{e}}$ は，電気双極子モーメント $\boldsymbol{p}=q\boldsymbol{d}$ を用いて

$$\boldsymbol{T}_{\mathrm{e}}=\boldsymbol{p}\times\boldsymbol{E} \tag{6.1}$$

となる (図 6.1)。一方，微小ループ電流のつくる**磁気双極子モーメント** (magnetic dipole moment) を $\boldsymbol{m}=\mu_0 SI\boldsymbol{n}$ と定義すると，5 章の例題 5.6 の結果より，磁気双極子モーメントにはたらくトルク $\boldsymbol{T}_{\mathrm{m}}$ は

$$\boldsymbol{T}_{\mathrm{m}}=\boldsymbol{m}\times\boldsymbol{H} \tag{6.2}$$

と表すことができる。ここで，$\boldsymbol{n}$ は微小電流ループを外周とする面の単位法線ベクトルであり，S は微小電流ループを外周とする面の面積である。このように，$\boldsymbol{m}$ を $\boldsymbol{p}$ および，$\boldsymbol{H}$ を $\boldsymbol{E}$ に対応させることによって，磁性体を含む静磁界の系を，誘電体を含む静電界の系と同様に記述することができる。

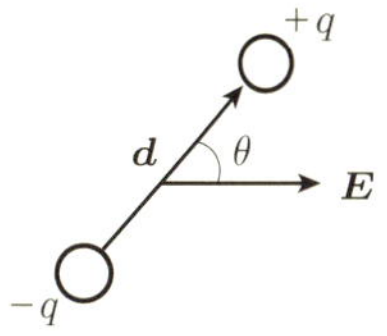

図 6.1 電気双極子にはたらくトルク

例えば，$\boldsymbol{m}$ の位置を座標の原点として，原点から十分離れた位置 $\boldsymbol{r}$ に磁気双極子がつくる磁界は，付録 C に示す電気双極子がつくる電界に対応して

$$\boldsymbol{H}(\boldsymbol{r})=\frac{1}{4\pi\mu_0}\left\{\frac{3(\boldsymbol{m}\cdot\boldsymbol{r})\boldsymbol{r}}{r^5}-\frac{\boldsymbol{m}}{r^3}\right\} \tag{6.3}$$

と表すことができる。

さて，磁石に鉄片を近づけると，引力がはたらいて鉄片を吸いつけようとする。これは磁石から出た磁界に鉄片が影響を受け，鉄片がまるで磁石のように磁気的な性質を帯びたことによって，磁石と鉄片の間に引力が生じたからである。このように，鉄片が磁気的な性質を帯びることを鉄片が**磁化**したという。

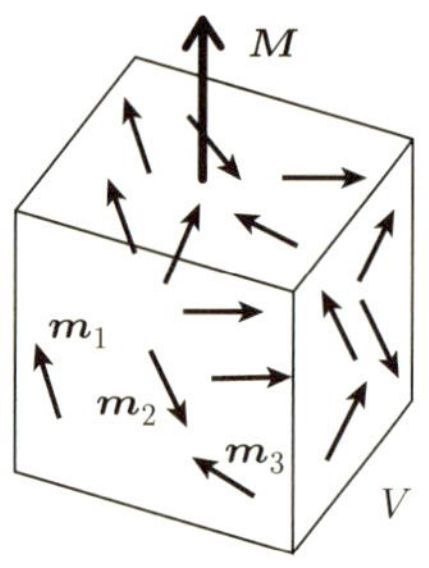

図6.2 磁気双極子モーメントと磁化

磁性体の磁化の程度を表す物理量として磁化ベクトル $\boldsymbol{M}$ を導入する。図6.2のように，磁性体の体積 V に含まれる磁気双極子モーメントを $\boldsymbol{m}_i$ とすると，磁化ベクトル $\boldsymbol{M}$ は単位体積中に含まれる $\boldsymbol{m}_i$ のベクトル和であると定義する。つまり，

$$\boldsymbol{M} = \frac{\sum_i m_i}{V} \tag{6.4}$$

と表される。この式から，磁性体内の磁気双極子モーメントの方向が揃っている場合に，大きな磁化をもつことになる。

6.2 電気的量と磁気的量

磁気的な諸量を対応する量とともに，表6.1に示す。

表6.1 電気的量と磁気的量

電気的量			磁気的量		
記号		単位	記号		単位
$\boldsymbol{E}$	電界	V/m	$\boldsymbol{H}$	磁界	A/m
$\boldsymbol{p}$	電気双極子モーメント	C·m	$\boldsymbol{m}$	磁気双極子モーメント	Wb · m
$\boldsymbol{P}$	電気分極	C/m^2	$\boldsymbol{M}$	磁化	T
$\boldsymbol{D}$	電束密度 $\boldsymbol{D} = \varepsilon_0\boldsymbol{E} + \boldsymbol{P}$	C/m^2	$\boldsymbol{B}$	磁束密度 $\boldsymbol{B} = \mu_0\boldsymbol{H} + \boldsymbol{M}$	T
	電束	C		磁束	Wb
χ_e	電気感受率 $\boldsymbol{P} = \chi_e\varepsilon_0\boldsymbol{E}$	無次元	χ_r	比磁化率 $\boldsymbol{M} = \mu_0\chi_\mathrm{r}\boldsymbol{H}$	無次元
ε_e	誘電率 $\varepsilon = \varepsilon_0(1+\chi_\mathrm{e})$ $\boldsymbol{D} = \varepsilon\boldsymbol{E}$	F/m	透磁率 μ $\boldsymbol{B} = \mu_0\boldsymbol{H}$	$\mu = \mu_0(1+\chi_\mathrm{r})$	H/m
ε_s	比誘電率 $\varepsilon_\mathrm{s} = 1+\chi_\mathrm{e}$	無次元	μ_s	比透磁率 $\mu_s = 1+\chi_\mathrm{r}$	無次元

6.2.1 磁束密度

電気の場合の電束密度に対応するものとして，磁化 $\boldsymbol{M}$ を含む**磁束密度** (magnetic flux density) を次のように定義する。

$$\boldsymbol{B} = \mu_0\boldsymbol{H} + \boldsymbol{M} \tag{6.5}$$

磁束密度は，$\boldsymbol{B} = \mu_0(\boldsymbol{H} + \boldsymbol{M})$ と定義する場合もある。その場合の $\boldsymbol{M}$ の単位は [A/m] である。磁化が磁界と同じ向きに発生するときその比例定数を**磁化率**という。また，**透磁率**および，**比透磁率**は，表6.1に示すように定義する。

一様に磁化した棒磁石の $\boldsymbol{M}$，$\boldsymbol{H}$，および $\boldsymbol{B}$ の場のようすを図6.3に示す。

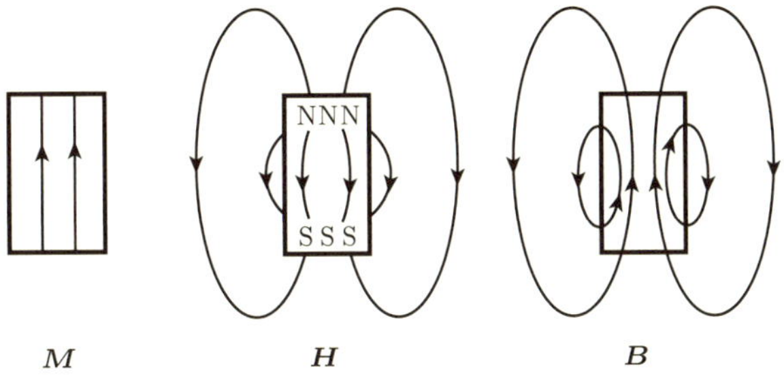

図6.3 棒磁石の $\boldsymbol{M}, \boldsymbol{H}$ および $\boldsymbol{B}$ の場

線と矢印はそれぞれのベクトルの方向を示している。線の間隔は，それぞれのベクトル量の強度に比例しており，線の間隔が狭いほどその強度は強い。

$\boldsymbol{B}$ の場は磁束の流れに沿った場である。$\boldsymbol{M}$ の場は，一様に磁化した磁石の中では，平行線で示され，磁石外部では磁化は 0 である。磁化が不連続に変化する磁石の端部では磁極が発生し，それに応じた $\boldsymbol{H}$ の場を描くことができる。$\boldsymbol{H}$ の磁力線は正極 (N 極) から発生し，負極 (S 極) へ向かうように描かれている。前章で述べたように，磁束密度の単位はテスラ [T] であり，[T] = [Wb/m^2] となる。

電束に対応する磁束は，磁束密度を面積分した量であり，次式で与えられる。

$$\phi = \int_{\mathrm{S}} \boldsymbol{B} \cdot d\boldsymbol{S} \tag{6.6}$$

この磁束の単位はウェーバー [Wb] である。

さて，磁界 $\boldsymbol{H}$ が磁性体の磁化 $\boldsymbol{M}$ による場合は，アンペールの法則を適用すると次式が成り立つ。

$$\oint_C \boldsymbol{H}(\boldsymbol{r}) \cdot d\boldsymbol{l} = 0 \tag{6.7}$$

また，次式は磁束密度の性質として常に成り立つものである。

$$\int_C \boldsymbol{B}(\boldsymbol{r}) \cdot d\boldsymbol{S} = 0 \tag{6.8}$$

以上の関係式を微分形では

$$\boldsymbol{\nabla} \times \boldsymbol{H}(\boldsymbol{r}) = 0 \tag{6.9}$$

$$\boldsymbol{\nabla} \cdot \boldsymbol{B}(\boldsymbol{r}) = 0 \tag{6.10}$$

と表すことができる。式 (6.8) と式 (6.10) は，磁束はかならず閉じていて終端がないことを意味している。この磁束の連続性により

$$\boldsymbol{\nabla} \cdot \boldsymbol{B} = \mu_0 \boldsymbol{\nabla} \cdot \boldsymbol{H} + \boldsymbol{\nabla} \cdot \boldsymbol{M} = 0$$

が成り立ち，

$$\boldsymbol{\nabla} \cdot \boldsymbol{H} = -\frac{\boldsymbol{\nabla} \cdot \boldsymbol{M}}{\mu_0} \tag{6.11}$$

と表すことができる。磁荷を仮定して，単位体積あたりの磁荷 ρ_m を

$$\rho_{\mathrm{m}} \equiv -\boldsymbol{\nabla} \cdot \boldsymbol{M} \tag{6.12}$$

と定義すれば，

$$\nabla \cdot \boldsymbol{H} = \frac{\rho_{\mathrm{m}}}{\mu_0} \tag{6.13}$$

と表すことができる。この式は，電荷密度 ρ と電界 $\boldsymbol{E}$ の関係式

$$\nabla \cdot \boldsymbol{E} = \frac{\rho}{\varepsilon_0} \tag{6.14}$$

と同じ形である。磁化が一様な棒磁石の内部では，式 (6.12) で定義した ρ_{m} が 0 となり，磁石内部での磁極の発生は無視できる。磁化の不連続が生ずる棒磁石の端部では ρ_{m} に従って，発生する磁極の強さや極性が決まる。すなわち，式 (6.12) と式 (6.13) により，棒磁石の端部の磁極がつくる磁界 $\boldsymbol{H}$ がクーロンの法則に従うことが説明できる。

6.2.2　磁性体境界面での磁束密度

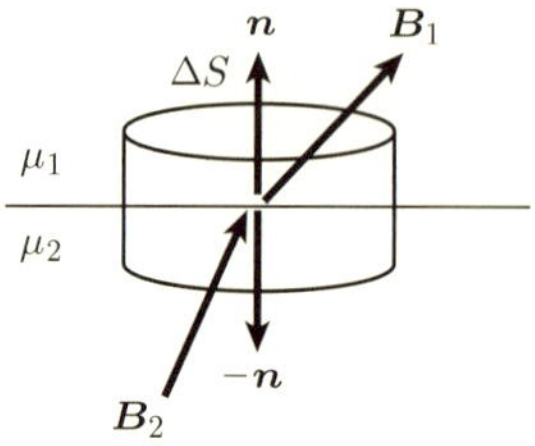

図6.4　磁性体境界面での磁束密度

次に，異なる透磁率 μ_1, μ_2 をもつ 2 つの磁性体 1, 2 が接している境界面において，磁束密度と磁界がどのようになるか考えてみよう。図 6.4 に示すように，境界面をはさみ，境界面と並行な底面 (面積 ΔS) をもつ円筒閉曲面において，式 (6.8) の磁束密度に関するガウスの法則を適用する。ここで磁性体 1, 2 での磁束密度をそれぞれ $\boldsymbol{B}_1$, $\boldsymbol{B}_2$ とする。円筒の高さは十分に小さく，円筒の側面における面積分が無視できるとして

$$\int_S \boldsymbol{B}(\boldsymbol{r}) \cdot d\boldsymbol{S} = (\boldsymbol{B}_1 \cdot \boldsymbol{n} - \boldsymbol{B}_2 \cdot \boldsymbol{n})\Delta S = 0 \tag{6.15}$$

が成り立つ。したがって

$$\boldsymbol{B}_1 \cdot \boldsymbol{n} = \boldsymbol{B}_2 \cdot \boldsymbol{n} \tag{6.16}$$

すなわち，磁束密度の法線成分は等しいことがわかる。

6.2.3　磁性体境界面での磁界

次に，図 6.5 に示すように，境界面をはさみ，境界面に対して長さ l の長方形の閉路 ABCD を積分の経路 C として式 (6.7) の線積分を実行する。磁性体 1, 2 での磁場を $\boldsymbol{H}_1$, $\boldsymbol{H}_2$ として，BC と AD について積分は経路が短く無視できるとすると次式が得られる。

$$\oint_C \boldsymbol{H} \cdot d\boldsymbol{l} = (\boldsymbol{H}_2 - \boldsymbol{H}_1) \cdot \boldsymbol{t}l = 0 \tag{6.17}$$

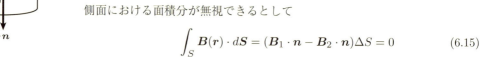

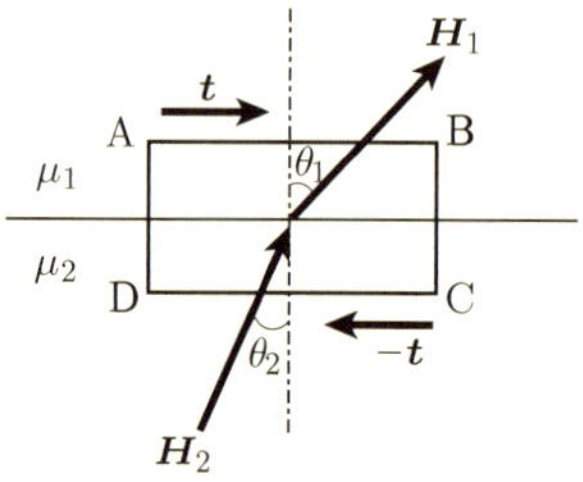

図6.5　磁性体境界面での磁界

ここで，$\boldsymbol{t}$ は経路 AB 方向の単位ベクトルである。上式より

$$\boldsymbol{H}_1 \cdot \boldsymbol{t} = \boldsymbol{H}_2 \cdot \boldsymbol{t} \tag{6.18}$$

すなわち，境界面に対する磁界の接線成分は等しい。$\boldsymbol{B}_1$, $\boldsymbol{H}_1$ の境界面の法線となす角を θ_1 として $\boldsymbol{B}_2$, $\boldsymbol{H}_2$ の境界面の法線となす角を θ_2 として式 (6.16), (6.18) および $B = \mu H$ より

$$\frac{\tan\theta_1}{\tan\theta_2} = \frac{\mu_1}{\mu_2} \tag{6.19}$$

の関係式が得られる。これは誘電率の異なる 2 つの誘電体の境界面での電気力線の屈折に対応した，磁力線の屈折を表している。例えば，$\mu_1 \gg \mu_2$ のとき $\theta_1 \cong 90^\circ$ であり，磁性体 1 の内部に磁束が侵入しにくくなる。これを応用して，透磁率の非常に大きな強磁性体で容器を作れば，その内部への磁場の侵入を防ぐことができる。これを**磁気遮蔽**という。

6.3 強磁性体

実用的な磁性材料は**強磁性体** (ferromagnet) である。強磁性体では，交換相互作用とよばれる量子論的効果によって原子の磁気双極子モーメントが互いに一定の向きにそろう力がはたらくため，試料内の微小な領域 (10^{-6} m〜10^{-2} m) ではすべての磁気双極子モーメントが平行になるように配列している。この領域を**磁区** (magnetic domain) といい，磁区の境界を**磁壁** (domain wall) という。個々の磁区の内部で特定の方向に磁気双極子モーメントがそろっていても，磁区の向きがそろわず相殺されて試料全体の磁化が 0 になる場合もある。強磁性体は，磁区構造に基づく複雑な磁気特性 (記憶特性) を有しているため，磁束密度と磁界の関係を式で一義的に表すことは難しい。

6.3.1 磁化曲線

磁束密度と磁界の関係を評価するために，図 6.6 や図 6.7 の**磁化曲線**が用いられる。磁化曲線では横軸には外部から印加した磁界の強さ H，縦軸には加えた磁界方向の磁化のつよさ M，あるいは磁束密度の大きさ $B(= \mu_0 H + M)$ をとる。

図 6.6 は，はじめ $H = 0$ で $M = 0$ の原点から，H を増加させたときの磁化曲線の例を示している。H が小さいときには，MH 曲線の傾きは小さく，点 a を越えて磁界が大きくなると MH 曲線の傾きが急峻になる。さらに H を増やすと点 b を越えて M の増加率は減少し，M の値は飽和磁化 M_s に漸近的に近づく。$H = M = 0$ の状態から磁気飽和に達するまでの磁化曲線を**初期磁化曲線**という。初期磁化曲線の原点付近の傾きを**初磁化率** $\mu_0\chi_\mathrm{a}(\approx \mu_\mathrm{a})$ といい，磁界が小さい状態で使用する，インダクタ等の電子回路部品の設計には重要な材料パラメータである。また，原点から点 b へ引いた傾きは，初期磁化曲線上の

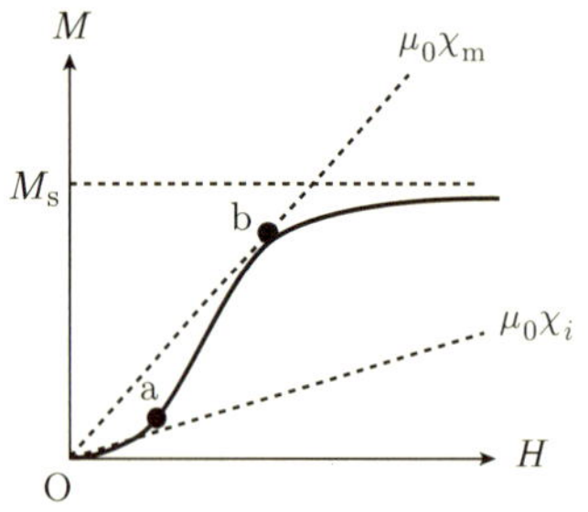

図6.6 初期磁化曲線

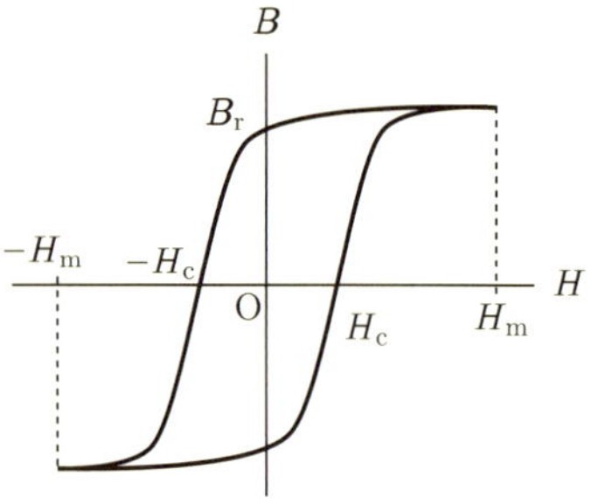

図6.7 BH ループ

M/H の最大値を与え，**最大磁化率** $\mu_0\chi_m (\approx \mu_m)$ とよばれる。$\mu_0\chi_m$ は大電力を扱う変圧器の励磁電流の大きさを知るために重要な材料パラメータである。

6.3.2 ヒステリシスループ

図 6.7 は，強磁性体に加える磁界をある値 $\pm H_m$ の間で往復させたときの磁化曲線の例を示している。この場合，磁界が増加するときと減少するときで磁束密度 B は異なった経路を通って変化し，図に示すようなループをつくる。これを**ヒステリシスループ** (hysteresis loop) という。ループ上で，磁界が 0 のときの磁束密度を残留磁化 B_r $(= M_r)$ という。磁界を印加し試料を飽和まで磁化した後で磁束密度を 0 に戻すためには，強さ H_c の磁界を残留磁化方向と逆向きに印加する必要がある。この H_c を保持力という。

残留磁気と保持力が大きいものは，**硬質磁性材料**といい，永久磁石などに用いられる。また残留磁気と保持力が小さいものは**軟質磁性材料**といい，変圧器の鉄心や電子回路部品等に用いられる。表 6.2 には種々の強磁性体の磁気的特性を示す。

表6.2 種々の強磁性体の磁化特性の概要

材　料　名	飽和磁化 M_s [T]	保磁力 H_c [A/m]	初透磁力 μ_a/μ_0	最大透磁力 μ_m/μ_0
スーパーマロイ	0.79	0.2	100 000	1 000 000
78 パーマロイ	1.08	4	8 000	100 000
非晶質合金 Fe,Ni,Co 系	0.06	0.1	100 000	
非晶質合金 Fe,Ni 系	1.31	0.5	5 000	
純　鉄	2.15	4	10 000	200 000
方向性けい素鋼	2.00	8	1 500	40 000
鉄	2.15	80	150	5 000
ニッケル	0.69	60	110	600
コバルト	1.79	800	70	250
アルニコ V	$Mr = 1.31$	51 000	–	–
サマリウムコバルト	0.93	820 000	–	–

6.4 静磁界のエネルギー

すでに学んだように，誘電体を含む静電界をつくるために必要な仕事は単位体あたり

$$u_{\mathrm{e}} = \int_0^D \boldsymbol{E} \cdot d\boldsymbol{D} \quad [\mathrm{J/m^3}]$$

であり，これが電気的エネルギーとして空間に蓄えられる。一方，単位体積あたりに蓄えられる静磁界のエネルギー u_{m} は $\boldsymbol{E}$ と $\boldsymbol{H}$ の対応関係に従い，次式で与えられる。

$$u_{\mathrm{m}} = \int_0^B \boldsymbol{H} \cdot d\boldsymbol{B} \quad [\mathrm{J/m^3}] \tag{6.20}$$

さて，磁束密度を $B = \mu H$ として，単位体積あたりに蓄えられる静磁界のエネルギーは式 (6.20) により，

$$u_{\mathrm{m}} = \frac{\mu H^2}{2} = \frac{\boldsymbol{B} \cdot \boldsymbol{H}}{2} \quad [\mathrm{J/m^3}] \tag{6.21}$$

となる。また，BH 特性にヒステリシスがあるときは，BH ループの面積に比例したエネルギー損失が生ずる。

例えば，図 6.8 で磁束密度 ΔB だけ増加させたときの式 (6.20) の値は灰色部の面積 S' であり，ヒステリシスループを一周したときの値は，ヒステリシスループに囲まれた面積に等しい。磁気的なエネルギー密度は，各点における $\boldsymbol{H}$ と $\boldsymbol{B}$ できまるため，ループを一周して元の $\boldsymbol{H}$ と $\boldsymbol{B}$ の状態に戻ると，ヒステリシスループの面積に相当する仕事は磁性体の中で熱エネルギーとして消費されたことになる。この熱エネルギーは磁性体全体では，

$$U_{\mathrm{m}} = \int_{\mathrm{v}} dv \oint \boldsymbol{H} \cdot d\boldsymbol{B} \tag{6.22}$$

となる。これを**ヒステリシス損**という。変圧器やモーターのように，強磁性体に f [Hz] の交流磁界を印加して利用する機器では，1 秒間にヒステリシスループを f 回描くことになる。そのため fU_{m} の電力をヒステリシス損として消費することになる。

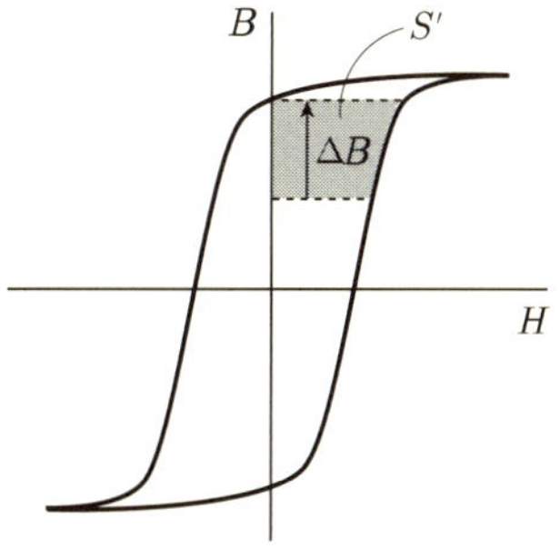

図6.8 ヒステリシス損失

6.5 磁気回路

導体内の定常電流と電界の関係は，磁性体内の磁束と磁界の関係に類似しているため，磁気回路を電気回路に対応して考えることができる。図 6.9 には透磁率の高い磁性材料を磁束の通路 (磁路) として使用する円形磁気回路の例を示す。磁気回路における起磁力 Γ_{m} は，電気回路の起電力に対応して，次式で定義できる。

$$\Gamma_{\mathrm{m}} = \int \boldsymbol{H} \cdot d\boldsymbol{l} \tag{6.23}$$

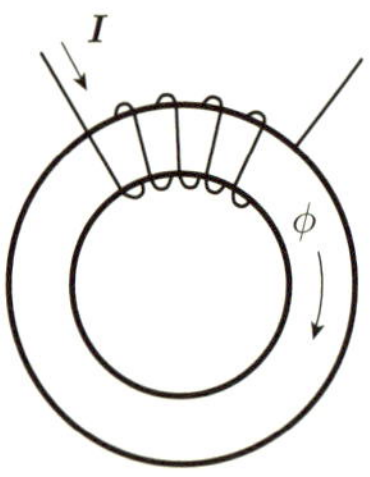

図6.9 磁性材料を用いた円形磁気回路

また，磁性体内での磁束の通りやすさを示す透磁率 μ は，電気回路における電気伝導率 σ に対応する量であり，磁気抵抗 R_{m} は，磁気回路の断面積を S として，

$$R_{\mathrm{m}} = \int \frac{dl}{\mu S} \tag{6.24}$$

と定義できる。ただし，式 (6.24) の導出には，磁界は磁気回路に沿って発生するとして，磁気回路に垂直な断面積 S の磁路の中で磁束密度は一定であると仮定する必要がある。

以上のように定義した Γ_{m} と R_{m} により，磁路を通る磁束 ϕ は次式で与えられる。

$$\phi = \frac{\Gamma_{\mathrm{m}}}{R_{\mathrm{m}}} \tag{6.25}$$

また，電気回路のキルヒホッフの第 1 法則に対応して，磁気回路の任意の接続点における，磁束の代数和は 0 になる。

$$\sum_i \phi_i = 0 \tag{6.26}$$

さらに，電気回路のキルヒホッフの第 2 法則に対応して，磁気回路網の任意の閉回路に沿った磁位降下の代数和と，起磁力の代数和は等しいことから次式が与えられる。

$$\sum_i R_{mi}\phi_i = \sum_j \Gamma_j \tag{6.27}$$

このように，磁気回路は電気回路と同様に解くことができる。ただし，通常の電気回路において電流の漏れは考慮する必要がないが，磁気回路の場合には，多少の磁束の漏れや，場合によっては，磁束の漏れが非常に大きいことを考慮する必要がある。そして，電気回路においては，オームの法則が成り立つとしてよいが，磁気回路の場合には BH 特性の非線形性から，式 (6.24) を用いるとき，透磁率 μ を B や H に依存しない定数として近似できない場合もある。

演習問題 6

6.1 微小電流ループによる磁気双極子モーメントを $\boldsymbol{m}$ としてベクトルポテンシャル $\boldsymbol{A}$ は

$$\boldsymbol{A}(\boldsymbol{r}) = \frac{(\boldsymbol{m} \times \boldsymbol{r})}{4\pi|\boldsymbol{r}|^3}$$

で与えられる。このベクトルポテンシャルを利用して，$\boldsymbol{B}(r)$ を求め，$\boldsymbol{H}(\boldsymbol{r})$ が次の式に一致することを示せ

$$\boldsymbol{H}(\boldsymbol{r}) = \frac{1}{4\pi\mu_0}\left\{\frac{3(\boldsymbol{m}\cdot\boldsymbol{r})\boldsymbol{r}}{\boldsymbol{r}^5} - \frac{\boldsymbol{m}}{\boldsymbol{r}^3}\right\}$$

ヒント：以下の公式を利用してもよい。

$$\boldsymbol{A} \times (\boldsymbol{B} \times \boldsymbol{C}) = \boldsymbol{B}\cdot(\boldsymbol{A}\cdot\boldsymbol{C})\cdot\boldsymbol{C}\cdot(\boldsymbol{A}\cdot\boldsymbol{B})$$

$$\boldsymbol{\nabla} \times (\boldsymbol{A} \times \boldsymbol{B}) = (\boldsymbol{B}\cdot\boldsymbol{\nabla})\cdot\boldsymbol{A}\cdot(\boldsymbol{A}\cdot\boldsymbol{\nabla})\cdot\boldsymbol{B} + (\boldsymbol{\nabla}\boldsymbol{B})\cdot\boldsymbol{A}\cdot(\boldsymbol{\nabla}\boldsymbol{A})\boldsymbol{B}$$

6.2 図 6.10 に示すように，一様な磁場 $\boldsymbol{H}$ の中に磁化率が $\mu_0\chi_r$ の鉄板を板の法線方向 $\boldsymbol{n}$ が $\boldsymbol{H}$ の方向と角 θ をなすようにおく。鉄板内部の磁束密度 $\boldsymbol{B}_{\mathrm{m}}$ を境界条件より求めよ。ただし，鉄板外部の透磁率は真空の透磁率 μ_0 とし，$\chi_r \gg 1$ と近似できるものとする。

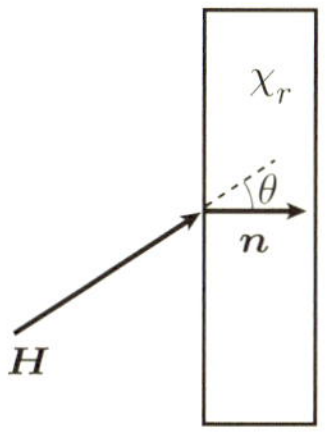

図6.10 静磁界の境界条件

6.3 図 6.11 に示すコイルを N 回巻いた長さ g の狭い空隙をもつ磁気回路において，以下の問いに答えよ。ただし，コイルに流れる電流は I，円形リング磁性体の透磁率は μ，断面積は S とし，空隙間の磁気抵抗は Rg とする。

(1) 起磁力 $\mathit{\Gamma}_{\mathrm{m}}$ を求めよ。

(2) 空隙内の磁束 ϕg を求めよ。

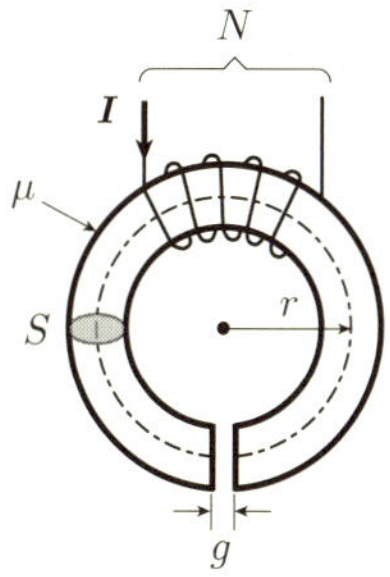

図6.11 磁気回路

7 電磁誘導とインダクタンス

前章までに，電流が流れるとその周辺空間に磁界ひいては磁束が形成されることを学んだ。本章では，磁束の作用により導体に起電力が誘導されることを学ぶ。電気抵抗および静電容量と同じように，インダクタンスは電気回路の主要な定数である。本章ではインダクタンス，これを理解するために鎖交磁束を学ぶ。

7.1 電磁誘導

7.1.1 電磁誘導現象の発見

第 5 章では，電流が流れると，その周辺空間に磁界ひいては磁束が形成されることを学んだ。一方，磁束がある閉回路に電流を誘導するかどうかを考えてみよう。図 7.1 は，その実験器具を示しており，コイルと磁石である。磁石が静止状態の場合には，コイルに電流は流れない。しかし，磁石をコイルに近づけたり，遠ざけたりすると，コイルに電流が流れる。

別の実験として，図 7.2 では，2 つのコイル A と B を配置している。コイル A に電流を流した瞬間，あるいは電流を切った瞬間に，コイル B に電流が流れる。これらの現象は**電磁誘導** (electromagnetic induction) とよばれ，ファラデー (M. Faraday：1791～1867) によって，1831 年に発見されたものである。

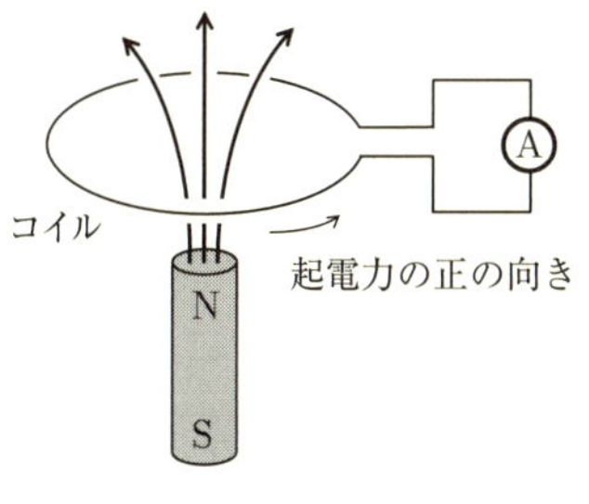

図7.1 電磁誘導の実験

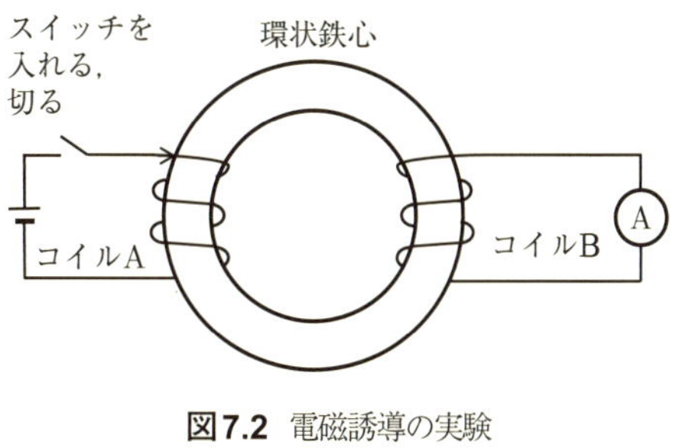

図7.2 電磁誘導の実験

7.1.2 ファラデーの電磁誘導の法則

電磁誘導を考察しよう。図 7.3(a) に示すように，磁石をコイルから遠ざけると，コイルを貫く磁束が減少する。この磁束の減少を妨げるような方向の電流が誘導され，移動前の磁束の大きさを維持しようとする。図 7.3(b) に示すように，磁石をコイルに近づけると，コイルを貫く磁束が増加するので，磁束の増加を妨げるような方向の電流が誘導される。磁石の移動中にコイルに誘導された電流を**誘導電流** (induced current) という。電流が流れることから，磁石の移動中にコイルに起電力が発生すると解釈でき，この起電力を**誘導起電力** (induced electromotive force) という。

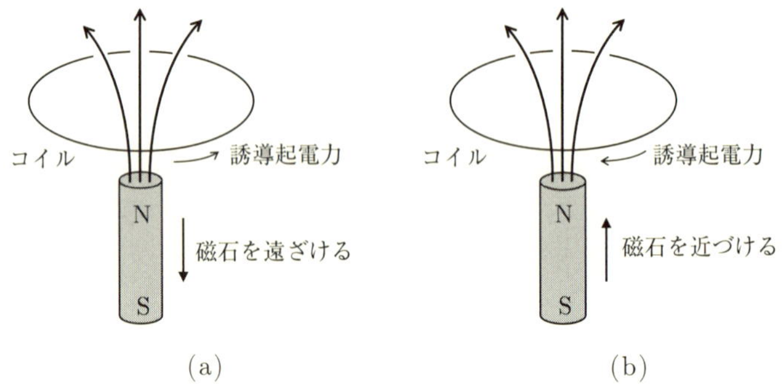

図7.3 磁石の移動による起電力の発生

上述された誘導起電力の方向はレンツ (E. K. Lenz：1804〜1865) によって説明され，**レンツの法則** (Lenz′s law) とよばれている。すなわち，レンツの法則とは,「**電磁誘導によって生じる起電力は，磁束の変化を妨げる電流を生じるような方向に発生する**」である。

次いで，ノイマン (C. G. Neumann) は，誘導起電力の大きさを説明し，上述された事実を数式で表現した。コイルを貫く磁束を ϕ で表すと，コイル 1 巻きに発生する誘導起電力 U は

$$U = -\frac{d\phi}{dt} \tag{7.1}$$

で表される。N 巻きコイルでの誘導起電力は 1 巻きに発生する起電力の N 倍に等しいので，

$$U = -N\frac{d\phi}{dt} \tag{7.2}$$

である。これが，今日，**電磁誘導の法則** (Faraday′s law of electromagnetic induction) とよばれている。

なお，図 7.1 では，起電力の正の方向を追記している。同図に示されるように，起電力 U と磁束 ϕ との間に右ねじの関係を採用し，磁束に対して右まわりの向きを起電力の正方向とする。式 (7.1) および (7.2) の右辺に負号が現れるのは，レンツの法則を反映しているからである。

例題 7.1 磁石の N 極をコイルに近づけるとき，端子 A と端子 B とでは，どちらの電位が高くなるか。AB 間に抵抗を接続した場合には，抵抗にはどちら向きに電流が流れるか。

[解] 端子 A の電位が高い。抵抗には端子 A から B への向きに電流が流れる。

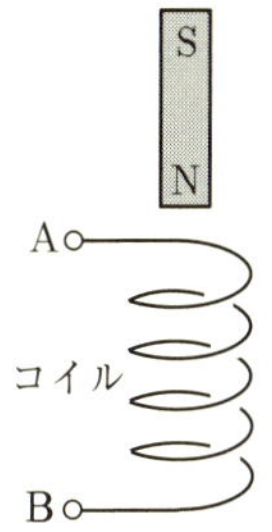

図7.4 コイルへのN極の近接

7.2 誘導起電力

式 (7.1) で表したように，誘導起電力 U は，磁束の時間的変化 $d\phi/dt$ に起因している。磁束の時間的変化の起因としては，7.1 節で述べたように，回路は静止していて，回路を貫く磁束が時間的に変化する場合がある。別の起因としては，磁束は時間的に一定であるが，回路または導体の運動による場合がある。本節では，それぞれの場合について，誘導起電力への理解を深めよう。

7.2.1 静止した回路に誘導される起電力

(1) 積 分 形

図 7.5 に示されるように，回路を一般化して閉曲線 C で表し，C 上の線素ベクトルを $d\boldsymbol{l}$ で表す。C で囲まれる面を S で，その面素ベクトルを $d\boldsymbol{S}$ で表す。第 5 章で述べられたように，C を貫く磁束は，磁束密度 $\boldsymbol{B}$ を用いて，

$$\phi = \int_{\mathrm{S}} \boldsymbol{B} \cdot d\boldsymbol{S} \tag{7.3}$$

で表される。磁束が時間的に変化するとき，式 (7.1) で示したように，閉曲線 C には起電力 U が誘導される。U は次式で表される。

$$U = -\frac{d}{dt}\int_{\mathrm{S}} \boldsymbol{B} \cdot d\boldsymbol{S} \tag{7.4}$$

この起電力 U の発生は，C 上に電界 $\boldsymbol{E}$ が誘起されていると解釈でき，U は $\boldsymbol{E}$ を C 上で線積分した値であるから，

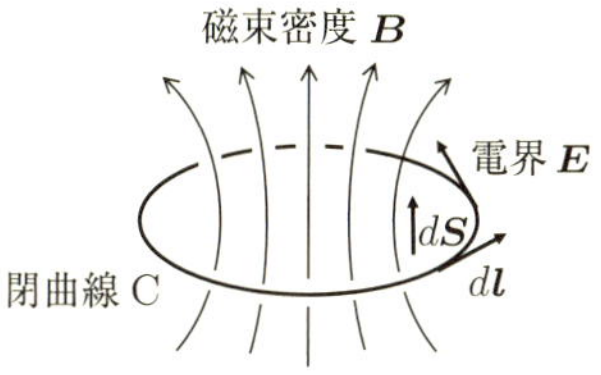

図7.5 静止した回路に誘導される起電力

$$U = \oint_{\mathrm{C}} \boldsymbol{E} \cdot d\boldsymbol{l} \tag{7.5}$$

で表される。

式 (7.4) および (7.5) から，ファラデーの電磁誘導の法則は，積分形式として次式のように記述される。

$$\oint_{\mathrm{C}} \boldsymbol{E} \cdot d\boldsymbol{l} = -\frac{d}{dt}\int_{\mathrm{S}} \boldsymbol{B} \cdot d\boldsymbol{S} \tag{7.6}$$

この式は，以下のことを示している。

(1) 時間的変化する磁束密度によって，電界が生じる。この電界によって回路内の電荷がクーロン力を受け，運動する。この電荷の移動が前述された誘導電流である。

(2) 静電界では

$$\oint_{\mathrm{C}} \boldsymbol{E} \cdot d\boldsymbol{l} = 0$$

である (第 3 章図 3.16，渦なしの法則)。しかし，電磁誘導の場では，

$$\oint_{\mathrm{C}} \boldsymbol{E} \cdot d\boldsymbol{l} \neq 0$$

であることに注意しよう。

(3) ある閉曲線 C を貫く磁束あるいは磁束密度の時間的変化が与えられていれば，C に沿う $\boldsymbol{E}$ の積分値を知ることができる。閉曲線 C は閉回路に限定されず，導体内部あるいは誘電体内部に存在してもよい。

(2) 微 分 形

式 (7.6) の左辺にストークスの定理を適用すると，

$$\oint_{\mathrm{S}} \mathrm{rot}\,\boldsymbol{E} \cdot d\boldsymbol{S} = -\frac{d}{dt}\int_{\mathrm{S}} \boldsymbol{B} \cdot d\boldsymbol{S} \tag{7.7}$$

さらに，平面 S が静止している場合には，“各位置での $\boldsymbol{B}$ の積分” の時間的変化は，“各位置での磁束密度 $\boldsymbol{B}$ の時間的変化” の積分に等しいから，式 (7.7) の右辺は次式のように変形される。

$$\oint_{\mathrm{S}} \mathrm{rot}\,\boldsymbol{E} \cdot d\boldsymbol{S} = -\int_{\mathrm{S}} \frac{\partial \boldsymbol{B}}{\partial t} \cdot d\boldsymbol{S} \tag{7.8}$$

したがって，

$$\oint_{\mathrm{S}} \left(\mathrm{rot}\,\boldsymbol{E} + \frac{\partial \boldsymbol{B}}{\partial t}\right) \tag{7.9}$$

を得る。この式が任意の S に対して成り立つので，

$$\mathrm{rot}\,\boldsymbol{E} = -\frac{\partial \boldsymbol{B}}{\partial t} \tag{7.10}$$

が導かれる。この式は導体あるいは誘電体が静止している場合に，空間の任意の 1 点で成立する。また，この式は電磁誘導の微分形であり，マクスウェル方程式の一つである。

例題 7.2 巻き数 N のコイルに，磁束が $\phi = \phi_0 \cos \omega t$ で鎖交しているとき，コイルに生じる起電力を求めよ。

［解］ 起電力 U は，

$$U = -N\frac{d\phi}{dt} = -N\phi_0\frac{d(\cos\omega t)}{dt}$$
$$= \omega N\phi_0 \sin\omega t = \omega N\phi_0 \cos\left(\omega t - \frac{\pi}{2}\right)$$

7.2.2 回路または導体の運動による起電力

回路または導体が運動する状況下でも，式 (7.1) は成立する。しかし，**磁束の時間的変化 $d\phi/dt$ の起因と，それによる起電力の発生機構は異なる**。以下ではそれを学ぼう。

閉曲線の運動により，閉曲線を貫く磁束が変化する状況を考える。磁束は時間的に変化しないが，図 7.6 に示すように，閉曲線は時刻 t では C_1 で示される位置に存在し，微少時間後の $t + dt$ には C_2 に移動 (拡張) したとする。

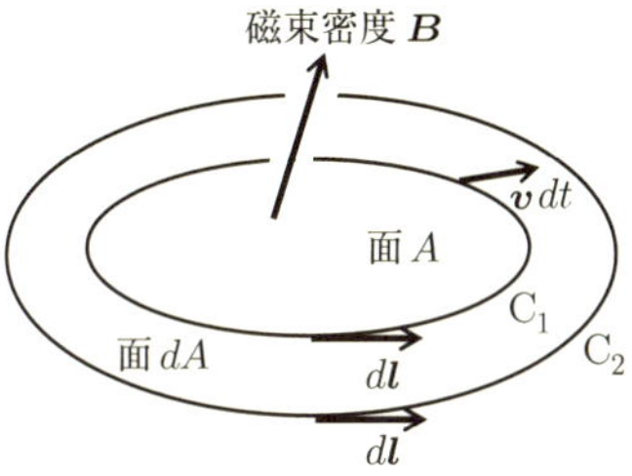

図7.6 運動する回路に誘導される起電力

閉曲線 C_1 で囲まれる面を A，閉曲線 C_1 と C_2 とで囲まれる面を dA とすると，C_1 を貫く磁束 $\phi(t)$ は，

$$\phi(t) = \int_{\mathrm{A}} \boldsymbol{B} \cdot d\boldsymbol{S} \tag{7.11}$$

C_2 を貫く磁束 $\phi(t + dt)$ は，

$$\phi(t + dt) = \int_{A+dA} \boldsymbol{B} \cdot d\boldsymbol{S} = \phi(t) + \int_{dA} \boldsymbol{B} \cdot d\boldsymbol{S} \tag{7.12}$$

よって，式 (7.11) と (7.12) とから，微少時間 dt における磁束の変化量 $d\phi(t)$ は，

$$d\phi(t) = \int_{dA} \boldsymbol{B} \cdot d\boldsymbol{S} \tag{7.13}$$

と導かれる。

次いで，面素ベクトル $d\boldsymbol{S}$ に着目すると，$d\boldsymbol{S}$ は線素ベクトル $d\boldsymbol{l}$ と速度 $\boldsymbol{v}$ を用いて

$$d\boldsymbol{S} = \boldsymbol{v}\,dt \times d\boldsymbol{l} \tag{7.14}$$

と表されるので，磁束の変化量 $d\phi(t)$ は，C_1 上での線積分として，

$$d\phi(t) = \int_{C_1} \boldsymbol{B} \cdot (\boldsymbol{v}\,dt \times d\boldsymbol{l}) \tag{7.15}$$

と書ける。この式において，

$$\boldsymbol{B} \cdot (\boldsymbol{v}\,dt \times d\boldsymbol{l}) = \boldsymbol{B} \cdot (\boldsymbol{v} \times d\boldsymbol{l})\,dt = -\{(\boldsymbol{v} \times \boldsymbol{B}) \cdot d\boldsymbol{l}\}\,dt$$

であるから

$$d\phi(t) = -dt \int_{C_1} (\boldsymbol{v} \times \boldsymbol{B}) \cdot d\boldsymbol{l} \tag{7.16}$$

よって，定常磁界中での閉曲線の運動による誘導起電力 U は

$$U = -\frac{d\phi(t)}{dt} = \int_{C_1} (\boldsymbol{v} \times \boldsymbol{B}) \cdot d\boldsymbol{l} \tag{7.17}$$

と導かれる。すなわち，定常磁界中で閉曲線の運動によって誘起される電界 $\boldsymbol{E}$ は

$$\boldsymbol{E} = \boldsymbol{v} \times \boldsymbol{B} \tag{7.18}$$

である。

式 (7.17) および (7.18) は，以下のことを示している。

(1) 第 5 章では，磁界中での荷電粒子の運動にはローレンツ力が作用することを学んだ。ローレンツ力は単位電荷あたり $\boldsymbol{v} \times \boldsymbol{B}$ である。式 (7.18) はこのローレンツ力に等しい。

(2) 閉回路の移動によって，電界 $\boldsymbol{E} = \boldsymbol{v} \times \boldsymbol{B}$ が生じる。この電界によって回路内の電荷がローレンツ力を受け，運動する。この電荷の移動が前述された**誘導電流**である。

$\boldsymbol{v}$ と $\boldsymbol{B}$ とのなす角を θ とすると，誘起される電界 $\boldsymbol{E}$ の強さは $vB\sin\theta$ であり，電界 $\boldsymbol{E}$ の方向は $\boldsymbol{v}$ から $\boldsymbol{B}$ に回転させた右ねじの進む方向である。特に，$\theta = \pi/2$ の場合には，$\boldsymbol{v}$, $\boldsymbol{B}$ および $\boldsymbol{E}$ の方向は右手で説明でき，親指，人差し指および中指の示す方向がそれぞれ $\boldsymbol{v}$, $\boldsymbol{B}$ および $\boldsymbol{E}$ の方向に対応する。これは**フレミング右手の法則** (Fleming′s right hand rule) とよばれる。

例題 7.3 図 7.7 では，一様な定常磁界が $+z$ 方向に形成されている。導体棒に外力を与え，一定の速さ v で $+y$ 方向に動かし続けている。

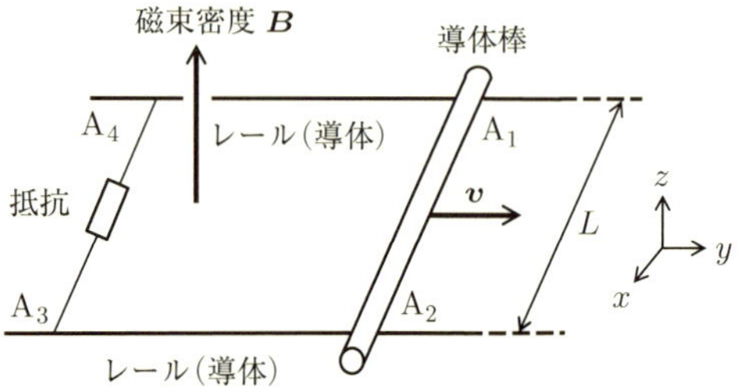

図7.7 磁界中での導体棒の運動

(1) 回路に発生する誘導起電力 U を以下の二つの考え，(a) および (b) によって求めよ。(a) 磁束数の時間変化による起電力。(b) 導体の運動による起電力。
(2) 誘導電流 I を求めよ。

［解］ (1)(a)　運動する導体棒と辺 A_3A_4 との距離を η とすると，閉回路 $A_1A_2A_3A_4$ を貫く磁束 ϕ は

$$\phi = BL\eta$$

であり，導体棒の運動によって η は毎秒 v だけ増加するので，

$$U = -\frac{d\phi}{dt} = -BL\frac{d\eta}{dt} = -vBL$$

(1)(b)　A_2A_3 間，A_3A_4 間および A_3A_1 間では，静止しているので，起電力は誘導されない。運動する導体棒において，A_1A_2 間に発生する誘導起電力は

$$U = vBL$$

起電力の方向は，A_1 から A_2 に向かう方向である。

(2)　誘導電流は

$$I = \frac{U}{R} = \frac{vBL}{R}$$

である。

7.3　インダクタンス

7.3.1　自己インダクタンス

第 2 章では，コンデンサに関して以下を学んできた。コンデンサでは，二つの導体にそれぞれ $+Q$，$-Q$ の電荷を与えると，導体間に電位差が形成される。Q は電位差 V に比例し，その比例係数を**静電容量**あるいは**キャパシタンス** (capacitance) とよぶ。言い換えれば，静電容量を用いることによって，電荷 Q と電位差 V の関係を

$$Q = CV \tag{7.19}$$

で定式化できる (式 (2.11) 参照)。

導体に電流が流れると，その周辺には磁界が生じ，磁束が形成されることを学んできた。一例として，図 7.8 に示される N 巻きコイルからなる回路を取り

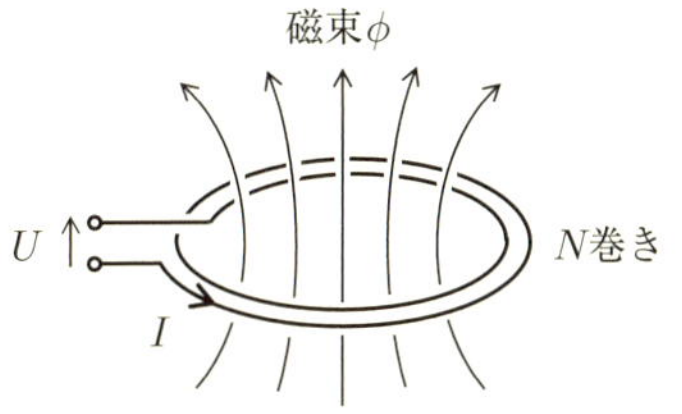

図7.8　自己インダクタンスと自己誘導

上げる。電流 I がコイル導体に流れることによってコイル断面には，磁束 ϕ が形成される。磁束 ϕ は I に比例する (第 5 章で述べたアンペールの法則およびビオ・サバールの法則を思い出そう)。コイルの巻数は N であり，磁束はこの回路を N 回貫いているので，これを考慮して**鎖交磁束** $\varPhi$ (interlinkage flux) を

$$\varPhi = N\phi \tag{7.20}$$

として定義する (Φ は**磁束鎖交数** (flux linkage) とよばれることもある)。N は**鎖交数**とよばれることもある。また，この式からわかるように，**鎖交磁束 $\varPhi$ は鎖交数と磁束との積であり，磁束とは異なる**ものである。磁束が電流 I に比例するので，鎖交磁束 $\varPhi$ も電流 I に比例する。すなわち，比例係数 L を用いて

$$\varPhi = LI \tag{7.21}$$

と表される。この比例係数 L を**自己インダクタンス** (self-inductance) あるいは単に**インダクタンス** (inductance) とよぶ。ある回路の自己インダクタンスとは，その回路に 1 A の電流を流したときの鎖交磁束である。インダクタンスの単位を H と書き，ヘンリー (Henry) とよぶ。自己インダクタンスは回路の幾何学的条件 (長さ，断面積，巻数，材質の透磁率) によって定まる。

式 (7.21) はコンデンサでの式 (7.19) に対応するものである。

7.3.2　相互インダクタンス

7.3.1 節では単独の回路を対象として，自己の回路に流れる電流とそれによる磁束を取り上げた。本節では，二つ以上の回路を取り上げる。

図 7.8 に示される回路を図 7.9 では回路 1(閉曲線 1) として記している。回路 1 の近くに回路 2(閉曲線 2) が配置され，電流 I_2 が流れ，磁束を発生している。その磁束のうち回路 1 を貫く磁束を ϕ_{12} として表している。回路 1 に対する磁束 ϕ_{12} の鎖交数は N であるので，鎖交磁束数 $\varPhi_{12}$ は

$$\varPhi_{12} = N\phi_{12} \tag{7.22}$$

磁束 ϕ_{12} は電流 I_2 に比例するから，鎖交磁束数 $\varPhi_{12}$ も電流 I_2 に比例する。したがって，比例係数 M_{12} を用いて，

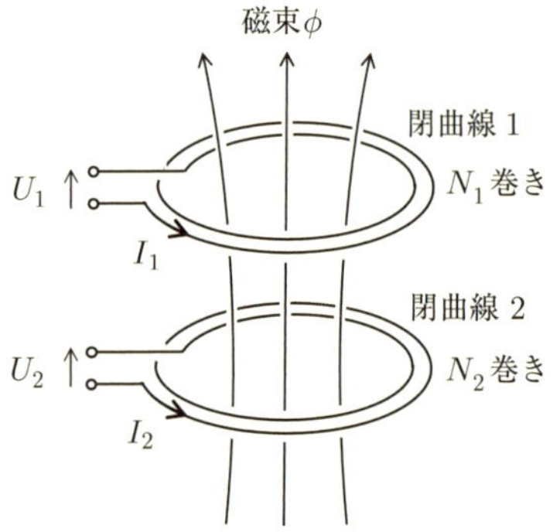

図7.9　相互インダクタンスと相互誘導

$$\Phi_{12} = M_{12} I_2 \tag{7.23}$$

と記述できる。この比例係数 M_{12} を**相互インダクタンス** (mutual inductance) とよぶ。**回路 1 および 2 の間の相互インダクタンスとは，回路 2 に 1 A の電流を流したときの回路 1 の鎖交磁束である**。単位は自己インダクタンスと同一であり，H である。相互インダクタンスも，回路の幾何学的条件 (回路 1 の長さ，断面積，巻数に加えて，回路 2 の長さ，断面積，巻き数，回路 1 と 2 との距離，材質の透磁率) によって定まる。

7.3.3 ノイマンの公式

(1) 導　出

二つの回路間の相互インダクタンスを表す式として，**ノイマンの公式** (Neumann's formula) が知られている。

図 7.10 に示すように，透磁率 μ が一様な空間に二つの回路 C_1 と C_2 が配置され，C_1 と C_2 の導体断面積はきわめて小さいとする。それらの間の相互インダクタンスを求める。C_2 を流れる電流 I_2 により磁束が発生し，そのうち，C_1 を周辺とする断面 S_1 での磁束は

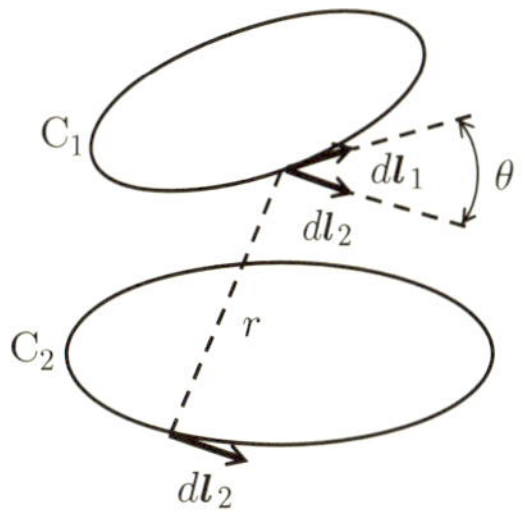

図7.10 ノイマンの公式

$$\phi_{12} = \int_{S_1} \boldsymbol{B}_{12} \cdot d\boldsymbol{S}_1 \tag{7.24}$$

である。$\boldsymbol{B}_{12}$ は，電流 I_2 により S_1 につくられる磁束密度であり，ベクトルポテンシャル $\boldsymbol{A}_{12}$ を用いて $\boldsymbol{B}_{12} = \mathrm{rot}\, \boldsymbol{A}_{12}$ と表される。またストークスの定理を用いて，

$$\phi_{12} = \oint_{C_1} \boldsymbol{A}_{12} \cdot d\boldsymbol{l}_1 \tag{7.25}$$

となる。線素ベクトル $d\boldsymbol{l}_1$ と $d\boldsymbol{l}_2$ との間の距離を r とすると，

$$A_{12} = \frac{\mu I_2}{4\pi} \oint_{C_2} \frac{1}{r} d\boldsymbol{l}_2 \tag{7.26}$$

式 (7.26) を (7.25) に代入することによって，磁束 ϕ_{12} を次式で示されるように得る。

$$\phi_{12} = \frac{\mu I_2}{4\pi} \oint_{C_1} \int_{C_2} \frac{1}{r} d\boldsymbol{l}_1 \cdot d\boldsymbol{l}_2 \tag{7.27}$$

相互インダクタンス $M_{12} = \Phi_{12}/I_2 = \phi_{12}/I_2$ であるから，

$$M_{12} = \frac{\mu}{4\pi} \oint_{C_1} \int_{C_2} \frac{1}{r} d\boldsymbol{l}_1 \cdot d\boldsymbol{l}_2 \tag{7.28}$$

を導ける。図 7.10 に示すように，線素ベクトル $d\boldsymbol{l}_1$ と $d\boldsymbol{l}_2$ とのなす角 θ を用いると，

$$M_{12} = \frac{\mu}{4\pi} \oint_{C_1} \int_{C_2} \frac{\cos\theta \, dl_1 dl_2}{r} \tag{7.29}$$

式 (7.28) と (7.29) をノイマンの公式という。式 (7.28) および (7.29) から，相互インダクタンスは透磁率 μ, r とおよび θ から決まることがわかる。

式 (7.29) は，C_2 を流れる電流 I_2 による回路 C_1 の鎖交磁束 Φ_{12} を取り上げて求められた。逆に，C_1 を流れる電流 I_1 による回路 C_2 の鎖交磁束 Φ_{21} を取り上げることによって，相互インダクタンス M_{21} の式を導いても，式 (7.22) および (7.29) と同じ式を導出できる。すなわち，

$$M_{12} = M_{21} \tag{7.30}$$

である。

7.4　インダクタンスの計算例

以下ではいくつかの例題を通じて，インダクタンスの計算法を学ぼう。

例題 7.4　巻き数 50 のコイルに電流 100 mA を流すと，2.5×10^{-3} Wb の磁束が発生した。自己インダクタンスを求めよ。

［解］ 鎖交磁束 Φ は

$$\Phi = N\phi = 50 \times 2.5 \times 10^{-3} = 0.125\,\mathrm{Wb}$$

であるから，自己インダクタンス L は

$$L = \frac{\Phi}{I} = \frac{0.125}{0.1} = 1.25\,\mathrm{H}$$

例題 7.5　図 7.11 に示される環状コイルでは，断面積 S，長さ l の鉄心に 1 次側および 2 次側コイルがそれぞれ巻き数 N_1 および N_2 で巻かれている。鉄心の透磁率を μ とする。すべての磁束は鉄心断面を通り，鉄心外部への漏れはないとし，また磁界の強さは鉄心断面で一様であるとする。

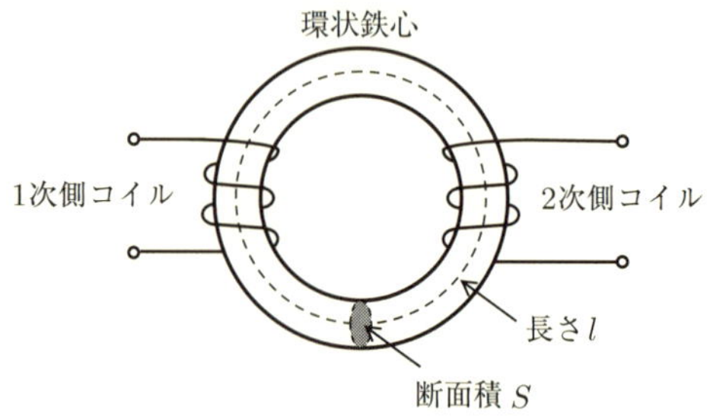

図7.11　環状コイル

(1) 1 次側コイルの自己インダクタンス L_1 および相互インダクタンス M を求めよ。本例題を解くことによって，自己インダクタンスは巻き数の 2 乗に比例することを確かめよ。

(2) 2 次側コイルの自己インダクタンスを導け。L_1, L_2 および M に成り立つ関係式を求めよ。

［解］ (1) 1 次側コイルに電流 I_1 が流れると，鉄心断面には磁界が生じる。アンペールの法則から，磁界の強さ H は $H = N_1 I_1 / l$ であると求められる。

よって，磁束

$$\phi_1 = \mu HS = \frac{\mu N_1 S I_1}{l}$$

であり，1 次側コイルでの鎖交磁束 $\varPhi_1$ は

$$\varPhi_1 = N_1 \phi_1 = \frac{\mu N_1^2 S I_1}{l}$$

と導出できる。自己インダクタンス L_1 は

$$L_1 = \frac{\varPhi_1}{I_1} = \frac{\mu N_1^2 S}{l}$$

と求まる。この式から，自己インダクタンスは巻き数の 2 乗に比例することを確認できる。

すべての磁束は鉄心を通るので，磁束 ϕ_1 が 2 次側コイルを鎖交する。よって，2 次側コイルでの鎖交磁束 $\varPhi_2$ は

$$\varPhi_2 = N_2 \phi_1 = \frac{\mu N_1 N_2 S I_1}{l}$$

である。したがって，相互インダクタンス M は

$$M = \frac{\varPhi_2}{I_1} = \frac{\mu N_1 N_2 S}{l}$$

(2)　2 次側コイルに電流 I_2 が流れると，(1) と同様にして，2 次側コイルでの鎖交磁束を

$$\varPhi_2 = N_2 \phi_2 = \frac{\mu N_2^2 S I_2}{l}$$

と導出できる。よって，2 次側コイルの自己インダクタンス L_2 は

$$L_2 = \frac{\varPhi_2}{I_2} = \frac{\mu N_2^2 S}{l}$$

である。

導出された L_1，L_2 および M の式を用いることによって，これらの間には

$$L_1 L_2 = M^2$$

が成り立つことがわかる。

本例題での状態では，電流 I_1 がつくる磁束は，すべて 2 次側コイルを鎖交し，また電流 I_2 がつくる磁束は，すべて 1 次側コイルを鎖交している。このときは，$L_1 L_2 = M^2$ が成り立つ。

もし一方のコイルがつくる磁束の一部が他方のコイルに鎖交しない場合，その磁束を**漏れ磁束**とよぶ。漏れ磁束がある場合には，相互インダクタンスは小さくなり，$M^2 < L_1 L_2$ となる。

例題 7.6　半径 a [m]，長さ l [m]，単位長さあたりの巻き数 n [回/m] である有限長ソレノイドがある (図 7.12)。このソレノイドに電流 I [A] が流れ，その結果，ソレノイド中心軸上には

$$B = \frac{\mu_0 n I}{2}\left[\frac{x}{\sqrt{x^2 + a^2}} + \frac{l - x}{\sqrt{(l - x)^2 + a^2}}\right]$$

で示される磁束密度 B が生じている。x はソレノイド端部からの距離 [m] である。ソレノイド内部断面上で磁束密度 B が一様であると仮定し，ソレノイドの自己インダクタンスを求めよ。

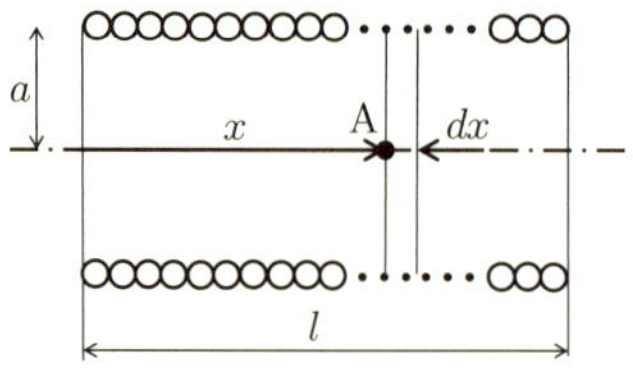

図7.12 有限長ソレノイド

［解］ ソレノイド内部での磁束 ϕ は，距離 x の位置で $\phi = B\pi a^2$ である。位置 x で幅 dx を取り上げると，その区間での巻き数は $n\,dx$ であるから，鎖交磁束 $d\Phi$ は，$d\Phi = n\,dx\ \phi = nB\pi a^2\,dx$，すなわち，

$$d\Phi = \frac{\mu_0 n^2 \pi a^2 I}{2}\left[\frac{x}{\sqrt{x^2+a^2}} + \frac{l-x}{\sqrt{(l-x)^2+a^2}}\right]dx$$

となる。この式からわかるように，B が x に依存するため，鎖交磁束 $d\Phi$ も x に依存する。したがって，コイル全体での鎖交磁束 Φ は

$$\Phi = \int d\phi = \frac{\mu_0 n^2 \pi a^2 I}{2}\int_0^l \left[\frac{x}{\sqrt{x^2+a^2}} + \frac{l-x}{\sqrt{(l-x)^2+a^2}}\right]dx$$
$$= \frac{\mu_0 n^2 \pi a^2 I}{2}\left(\sqrt{a^2+l^2} - a\right)$$

ゆえに，自己インダクタンス L を次式のように導出できる。

$$L = \frac{\Phi}{I} = \frac{\mu_0 n^2 \pi a^2 I}{2}\left(\sqrt{a^2+l^2} - a\right)$$

例題 7.7 真空空間において，無限長直線状導体と同一平面上に，長さ a および b の長方形型コイルが距離 d だけ離れて配置されている (図 7.13)。両者の間の相互インダクタンスを求めよ。

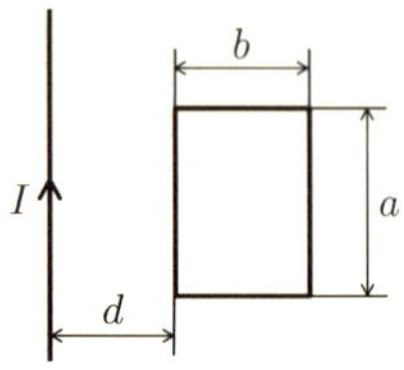

図7.13 無限長直線状導体と長方形状コイル

［解］ 直線状導体に電流 I が流れると，導体から距離 r の位置では，密度 $B = \mu I/(2\pi r)$ の磁束が生じ，方向は長方形コイルに垂直である。コイル断面を通過する磁束は

$$\Phi = \int_d^{d+b} \frac{\mu_0 I}{2\pi r} a\,dr = \frac{\mu_0 a I}{2\pi}\log\left(\frac{d+b}{d}\right)$$

長方形コイルの巻数は 1 であるので，鎖交磁束数 $\Phi = \phi$ である。ゆえに，相互インダクタンス M は

$$M = \frac{\Phi}{I} = \frac{\mu_0 a I}{2\pi}\log\left(\frac{d+b}{d}\right)$$

となる。

7.5 インダクタンスと電磁誘導

7.1 節では誘導起電力を学び，7.3 節では自己インダクタンス L と相互インダクタンス M を学んだ。本節では，誘導起電力を L と M に基づいて理解しよう。

7.5.1 自己誘導作用

図 7.8 に示される回路において，電流 I が時間的に変化すれば，回路を貫く磁束 ϕ も時間的に変化する。7.1 節で学んだように，時間的に変化する磁束 ϕ は回路に電磁誘導現象を起こさせ，式 (7.2) で表した起電力 U を誘導する。このように自己の電流の変化によって起電力が誘導される現象を**自己誘導** (self induction) いう。

自己誘導による起電力を学ぼう。誘導起電力 U と磁束 ϕ との関係を表す式 (7.2) に式 (7.20) を代入すると，

$$U = -N\frac{d\phi}{dt} = -\frac{d(N\phi)}{dt} = -\frac{d\Phi}{dt} \tag{7.31}$$

を得る。さらに式 (7.21) を代入し整理すると，以下の重要な式を得る。

$$U = -L\frac{dI}{dt} \tag{7.32}$$

この式から，以下のことがわかる。

(1) 自己誘導による起電力 U はインダクタンス L と電流 I の時間変化で記述される。

(2) 自己インダクタンスとは，電流変化が 1A/s である場合での誘導起電力の大きさであるとも解釈できる。

(3) 右辺に負号が現れていることから，自己誘導による起電力は，電流 I の変化に逆らう方向に生じるといえる。言い換えれば，電流が減少する場合には，誘導起電力は電流の減少を妨げる方向に誘起され，図 7.22 に示される起電力 U は正である。

7.5.2 相 互 誘 導

図 7.9 に示される回路において，電流 I_2 が時間的に変化すれば，回路 1 を貫く磁束 ϕ_{12} も時間的に変化する。7.1 節で学んだように，時間的に変化する磁束 ϕ_{12} は回路 1 に電磁誘導現象を引き起こし，回路 1 に起電力 U_{12} を誘導する。式 (7.31) および (7.32) の導出と同様な手順から，誘導起電力 U_{12} は

$$U_{12} = -M_{12}\frac{dI_2}{dt} \tag{7.33}$$

と書ける。このように他回路の電流の変化によって起電力が誘導される現象を**相互誘導** (mutual induction) という。相互インダクタンスとは，ある回路 (図 7.9 では回路 2) の電流変化が 1 A/s であるとき，他の回路 (図 7.9 では回路 1) に生じる起電力の大きさであるともいえる。

7.5.3　自己誘導と相互誘導

図 7.9 において，7.3.1 節で学んだように，回路 1 に流れる電流 I_1 が回路 1 の断面に磁束を形成する。したがって，図 7.9 では，回路 1 での鎖交磁束 $\varPhi_1$ は

$$\varPhi_1 = \varPhi_{11} + \varPhi_{12} = L_1 I_1 + M_{12} I_2 \tag{7.34}$$

と表すことができる。ここで，L_1 は回路 1 の自己インダクタンスである。すなわち，回路 1 を流れる電流 I_1 による鎖交磁束 $\varPhi_{11} = L_1 I_1$ と回路 2 を流れる電流 I_2 による鎖交磁束 $\varPhi_{12} = M_{12} I_2$ との和である。

回路 2 の自己インダクタンスを L_2 とすれば，回路 2 での鎖交磁束 $\varPhi_2$ は，同様に，

$$\varPhi_2 = \varPhi_{21} + \varPhi_{22} = M_{21} I_1 + L_2 I_2 \tag{7.35}$$

なお，$M_{12} = M_{21}$ が成り立つ。

電流 I_1 および I_2 が時間的に変化するとき，回路 1 および 2 には誘導起電力 U_1 および U_2 が生じる。式 (7.34) および (7.35) を用いて，

$$U_1 = -\frac{d\varPhi_1}{dt} = -L_1 \frac{dI_1}{dt} - M_{12} \frac{dI_2}{dt} \tag{7.36}$$

$$U_2 = -\frac{d\varPhi_2}{dt} = -M_{21} \frac{dI_1}{dt} - L_2 \frac{dI_2}{dt} \tag{7.37}$$

であることが導かれる。式 (7.37) において，$-L_1(dI_1/dt)$ が自己誘導による起電力，$-M_{12}(dI_2/dt)$ が相互誘導による起電力である。

例題 7.8　巻数 20 のコイルに流れる電流を 0 A から 0.5 A/s で増加させたところ，コイルに 2 V の誘導起電力が発生した。このコイルの自己インダクタンス L を求めよ。電流が流れはじめてから 2 秒後におけるコイルを貫く磁束 ϕ を求めよ。

［解］ 式 (7.32) を用いて，

$$L = \frac{2}{0.5} = 4 \quad \mathrm{H}$$

を得る。2 秒後の電流は 1 A であるから，その時点での磁束は

$$\phi = \frac{LI}{N} = \frac{4 \times 1}{20} = 0.2 \quad \mathrm{Wb}$$

となる。

7.6　磁界エネルギー

第 6 章では，磁界エネルギーを学び，磁界あるいは磁束密度で表した。本節では，磁界エネルギーをインダクタンスと電流で表し，次に鎖交磁束と電流で表そう。

先に示した図 7.8 において，回路は自己インダクタンス L をもち，回路に流れる電流を 0 から I まで増加させるとき，電源がコイルに与えるエネルギーを求める。

電流を微少時間 Δt の間に i から $i+\Delta i$ に増加させるとき，回路には式 (7.32) に示される起電力 U が生じる。電源はこの逆起電力に逆らって回路にエネルギーを与えなければならない (仕事をしなければならない)。そのエネルギーを ΔW とすると，

$$\Delta W = -iU\Delta t \tag{7.38}$$

式 (7.32) を代入し，

$$\Delta W = i\left(L\frac{\Delta i}{\Delta t}\right)\Delta t = Li\Delta i \tag{7.39}$$

電流が 0 から I まで増加させるために要するエネルギー W は

$$W = \int_0^I dW = \int_0^I = Li\Delta i = \frac{1}{2}LI^2 \qquad (\text{インダンタンス表示}) \tag{7.40}$$

となる。自己インダクタンス L をもつ回路に電流 I が流れているとき，この式で示される磁界エネルギー W が蓄えられている。この式はコンデンサに蓄えられるエネルギー $(1/2)CV^2$ (キャパシタンス C を用いた表示) に対応している。

式 (7.21) を用いると，磁界エネルギー W は

$$W = \frac{1}{2}\Phi I \qquad (\text{鎖交磁束表示}) \tag{7.41}$$

でも記述できることが導かれる。この式はコンデンサに蓄えられるエネルギー $(1/2)QV$，すなわち電荷表示に対応している。表 7.1 は，これまでに述べられてきたコイルとコンデンサとの対応を示している。

表7.1 コイルとコンデンサの対応

コイル	コンデンサ
電流 I	電圧 V
鎖交磁束 Φ	電荷 Q
自己インダクタンス L	静電容量 C
$\Phi = LI$	$Q = CV$
$W = \frac{1}{2}LI^2$	$W = \frac{1}{2}CV^2$
$W = \frac{1}{2}\Phi I$	$W = \frac{1}{2}QV$

次に，図 7.9 で示した二つの回路を取り上げる。回路 1 には一定の電流 I_1 が流れている状態であっても，回路 2 を流れる電流を微少時間 Δt の間に i_2 から $i_2 + \Delta i_2$ に増加させると，回路 1 には誘導起電力 U_{12} が生じる。この起電力に逆らって，回路 1 に流れる電流 I_1 に保つために電源から与えるエネルギー ΔW_{12} は

$$\Delta W_{12} = I_1\left(M_{12}\frac{\Delta i_2}{\Delta t}\right)\Delta t = M_{12}I_1\Delta i_2 \tag{7.42}$$

電流 i_2 を 0 から I_2 まで増加させるために要するエネルギー W_{12} は

$$W_{12} = \int_0^{I_2} dW_{12} = \int_0^{I_2} M_{12} I_1 \, di_2 = M_{12} I_1 I_2 \tag{7.43}$$

このエネルギーは，回路 1 と 2 との間に蓄えられていると解釈できる。

回路 1 および 2 自身には，磁界のエネルギーとして

$$W_1 = \frac{1}{2} L_1 I_1^2 \tag{7.44}$$

$$W_2 = \frac{1}{2} L_2 I_2^2 \tag{7.45}$$

が蓄えられているので，エネルギーの総和は

$$\begin{aligned} W &= W_1 + W_2 + W_{12} \\ &= \frac{1}{2} L_1 I_1^2 + \frac{1}{2} L_2 I_2^2 + M_{12} I_1 I_2 \qquad \text{(インダクタンス表示)} \end{aligned} \tag{7.46}$$

上で記したエネルギーの総和 W は，

$$W = \frac{1}{2} L_1 I_1^2 + \frac{1}{2} M_{12} I_1 I_2 + \frac{1}{2} L_2 I_2^2 + \frac{1}{2} M_{12} I_1 I_2 \tag{7.47}$$

と表すことができること，また，$M_{12} = M_{21}$ であることから，式 (7.34) および (7.35) を代入することによって，

$$W = \frac{1}{2} \Phi_1 I_1 + \frac{1}{2} \Phi_2 I_2 \qquad \text{(鎖交磁束表示)} \tag{7.48}$$

を導出できる。右辺の第 1 および 2 項は，それぞれ回路 1 および 2 がもつエネルギーと解釈できる。

例題 7.9　自己インダクタンス $L = 8$ mH のコイルに電流 5 A が流れている。コイルに蓄えられているエネルギーはいくらか。

［解］$W = \frac{1}{2} L I^2 = \frac{1}{2} (8 \times 10^{-3}) \times 5^2 = 0.1$ J

演習問題 7

7.1　巻き数 200 回のコイルを貫く磁束を 10 s 間に 5×10^{-2} Wb の割合で変化させた。コイルに発生する起電力を求めよ。

7.2　磁束密度 25 mT の一様な磁界中において，長さ 300 mm の導体棒を速さ 3 m/s で運動させた。運動方向として以下に示す (1) および (2) の場合について，それぞれ導体棒に発生する起電力を求めよ。

(1) 導体棒の軸方向が磁界と直角方向。

(2) 導体棒の軸方向が磁界と平行。

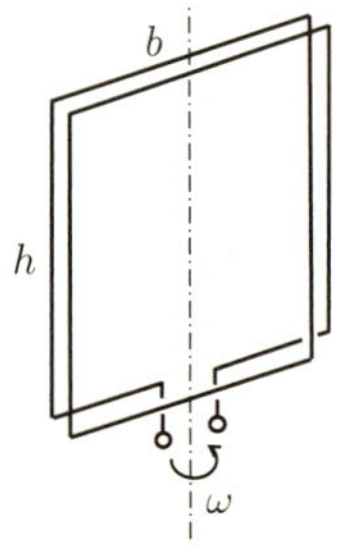

図 7.14　一様な磁界中での長方形コイルの回転

7.3　一様な磁束密度 B 中で長方形コイルを磁束密度に垂直な軸のまわりに角速度 ω で回転させるとき，コイルの両端に生じる誘導起電力を，次の (1) および (2) の方法によって求めよ。ただし，長方形コイルの辺の長さは h および b，巻数は N 回である (図 7.14)。

(1) 磁束数の時間変化による考え。

(2) 導体の運動による考え。

7.4 例題 7.1 において，外力が導体棒に行う仕事率と抵抗での単位時間あたりに発生するジュール熱をそれぞれ求め，両者が等しいこと，すなわち機械エネルギーがジュール熱に変換されていることを示せ。

7.5 巻き数 100 回，自己インダクタンス 0.02 H のコイルで，電流 6 A を流す。磁束を求めよ。

7.6 (1) 巻き数 50 回のコイル A に電流 2 A を流したところ，コイル A の近くに配置された巻き数 20 回のコイル B に磁束 5×10^{-2} Wb が鎖交した。コイル B での鎖交磁束数およびコイル A-B 間の相互インダクタンスを求めよ。

(2) 次に，コイル A に流れている電流が 0.5 s 間に一定の割合で 2 A から 8 A に増加した。コイル B に誘起される起電力 U_{BA} はいくらか。

7.7 例題 7.5 に示す回路で，一次側回路に電流 I_1 を流し，二次側回路には電流を流さないとき，環状コイルに蓄えられるエネルギーは W_m であった。コイル断面での磁束密度 B を，巻き数 N_1, 断面積 S および電流 I_1 を用いて表せ。

8 マクスウェル方程式とパワー流れ

前章までに，磁界が時間的に変化すれば，電界が発生することを学んだ。本章では，電界が時間的に変化すれば磁界が発生することを学ぶ。

次に，電界と磁界の双方が存在する場に関して，パワーの流れを学ぶ。

8.1 変位電流

図 8.1 に示す平板状コンデンサを取り上げる。コンデンサの上側導体には伝導電流 I が流れ込んでいるので，その電流は導体に電荷の形で蓄えられる。ある時刻 t での電荷を Q で表すと，単位時間あたりの電荷の増加は I に等しく，すなわち Q は

$$\frac{dQ}{dt} = I \tag{8.1}$$

の割合で増加している。伝導電流自体は上部導体で終わった形になっている。

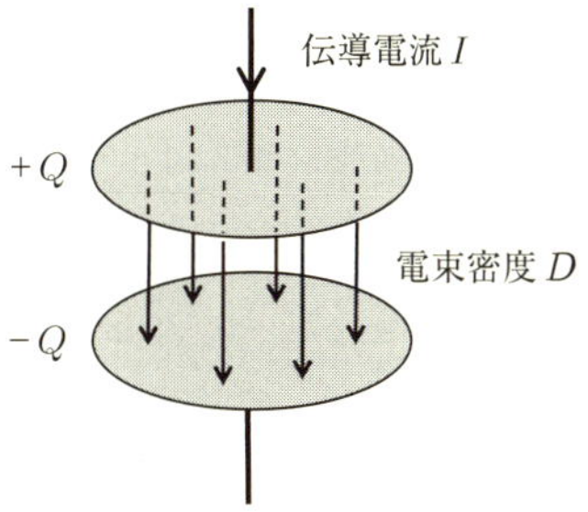

図8.1 コンデンサにおける伝導電流の流入と導体間電束の時間変化

導体間は真空あるいは誘電体であるので，伝導電流 I は導体間には流れない。しかし，上部導体には電荷 Q が蓄えられているので，上部導体から下部導体に向かって電束が存在する。電束密度を $\boldsymbol{D}$ とし，上部導体の面積を A とすると，電束の時間変化は

$$A\frac{\partial D}{\partial t} \tag{8.2}$$

で表される。電束は単位電荷から 1 本ずつ発生すると考えてよいので，

$$DA = Q \tag{8.3}$$

の関係がある。式 (8.3) を式 (8.2) に代入すると，電束の大きさの時間変化は

$$\frac{\partial Q}{\partial t} \tag{8.4}$$

と記述でき，上部導体に流れ込む電流に等しいことがわかる。言い換えれば，上部導体での電荷は増加し，この結果，電荷の導体間での電束は増加していることがわかる。すなわち，電流が消滅した分だけ電荷が上部導体表面では式 (8.2) で示されるものが下部導体に向かって流れ出すと解釈でき，式 (8.2) で取り上げた

$$\frac{\partial D}{\partial t} \equiv J_{\rm d} \tag{8.5}$$

は電流の密度と対等であるといえる。これは**変位電流** (displacement current) とよばれる。変位電流の考えを導入することによって，電流は常にあらゆる場所で連続であるといえる。

第 5 章では，定常電流の場合には，アンペールの法則として

$$\mathrm{rot}\,\boldsymbol{H} = \boldsymbol{J} \tag{8.6}$$

を学んだ。電流が時間的に変化する場合には，式 (8.6) に代わって

$$\mathrm{rot}\,\boldsymbol{H} = \boldsymbol{J} + \frac{\partial D}{\partial t} \tag{8.7}$$

が成立し，**拡張されたアンペールの法則**とよばれる。この式は伝導電流だけでなく，変位電流も磁界をつくることを示している。

例題 8.1　電極間が誘電率 ε の誘電体で満たされた平行平板コンデンサに正弦波交流電圧 $V = V_m \sin\omega t$ [V] を加えている。極板の面積は A [m^2]，電極間距離は d [m] である。電極間全断面にわたっての全変位電流 $I_{\rm d}$ [A] を導出せよ。次いで，電極に入る伝導電流 I [A] を求め，変位電流が I に等しいことを示せ。

［解］ 極板間の電界 E は

$$E = \frac{V}{d} = \frac{V_{\rm m}}{d}\sin\omega t$$

電束密度 D は

$$D = \varepsilon E = \varepsilon\frac{V_{\rm m}}{d}\sin\omega t$$

よって，極板面積全体での変位電流 $I_{\rm d}$ は

$$I_{\rm d} = A\frac{\partial D}{\partial t} = \varepsilon A\omega\frac{V_{\rm m}}{d}\cos\omega t$$

一方，電極での電荷 Q は

$$Q = CV = \varepsilon\frac{A}{d}V_{\rm m}\sin\omega t$$

よって，伝導電流 I は

$$I = \frac{dQ}{dt} = \varepsilon A\omega \frac{V_{\mathrm{m}}}{d} \cos \omega t \quad [\mathrm{A}]$$

ゆえに変位電流は伝導電流に等しい。

8.2 マクスウェル方程式

空間の電界 $\boldsymbol{E}$ と磁界 $\boldsymbol{H}$ などを関連づける法則および関係式をまとめて記すと，以下の通りである。

$$\mathrm{rot}\,\boldsymbol{E} = -\frac{\partial \boldsymbol{B}}{\partial t} \tag{8.8}$$

$$\mathrm{rot}\,\boldsymbol{H} = \boldsymbol{J} + \frac{\partial \boldsymbol{D}}{\partial t} \tag{8.9}$$

$$\mathrm{div}\,\boldsymbol{D} = \rho \tag{8.10}$$

$$\mathrm{div}\,\boldsymbol{B} = 0 \tag{8.11}$$

これらの式は**マクスウェルの方程式** (Maxwell's equations) とよばれ，電磁現象に関するすべての法則を包含する理論体系である。これら四つの式のうち，式 (8.8) はマクスウェルの**第 1 電磁方程式**，式 (8.9) はマクスウェルの**第 2 電磁方程式**とよばれる。

第 1 電磁方程式から式 (8.11) が導かれる。第 2 電磁方程式から式 (8.10) が導かれる (演習問題 8.4 参照)。したがって，式 (8.10) および (8.11) は補助的な関係式で，計算上の便宜を与える。

上で記した四つの式を積分形で表すと，

$$\oint_{\mathrm{C}} \boldsymbol{E} \cdot d\boldsymbol{l} = -\frac{d}{dt} \int_S \boldsymbol{B} \cdot d\boldsymbol{S} \tag{8.12}$$

$$\oint_{\mathrm{C}} \boldsymbol{H} \cdot d\boldsymbol{l} = \int_S \left(\boldsymbol{J} + \frac{\partial \boldsymbol{D}}{\partial t} \right) \cdot d\boldsymbol{S} \tag{8.13}$$

$$\oint_{\mathrm{S}} \boldsymbol{D} \cdot d\boldsymbol{S} = Q \tag{8.14}$$

$$\oint_{\mathrm{S}} \boldsymbol{B} \cdot d\boldsymbol{S} = 0 \tag{8.15}$$

式 (8.12)，(8.13) および (8.14) はそれぞれ電磁誘導の法則，アンペールの法則，ガウスの法則を示している。式 (8.15) は，磁束密度には源泉がないことを示す。

8.3 パワー流れ

電界 $\boldsymbol{E}$ と磁界 $\boldsymbol{H}$ とが共存する場を取り上げ，次式に示されるベクトル

$$\boldsymbol{S} = \boldsymbol{E} \times \boldsymbol{H} \quad [\mathrm{W/m^2}] \tag{8.16}$$

を考察しよう。このベクトルは**ポインティングベクトル** (Poynting vector) とよばれる。ポインティングベクトルのポインティングは人名で J. H. Poynting

に由来する。以下の例題 8.2 を解くことによって，ポインティングベクトルを理解しよう。

例題 8.2　図 8.2 に示すように，抵抗素子の長さ L，半径 a の円柱型抵抗素子がある。抵抗素子の電気伝導率は σ である。電流 I は抵抗断面で一様に流れている。

(1) (a) 抵抗素子の抵抗 R を，L, a および σ を用いて表せ。

(b) 上記 (a) で求めた R を利用して，抵抗素子に単位時間に発生するジュール熱 P を求めよ。すなわち，ジュール熱 P を，L, a, σ および I を用いて表せ。

(2) 次に，抵抗素子での電界 $\boldsymbol{E}$，磁界 $\boldsymbol{H}$ およびポインティングベクトル $\boldsymbol{S}$ について，

(a) 抵抗内での電界 $\boldsymbol{E}$ と電流密度 $\boldsymbol{J}$ との関係を思い出して，抵抗内での電界の大きさを，a, σ および I を用いて表せ。

(b) 抵抗素子の中心軸からの距離を r で表し，抵抗素子内での磁界 $\boldsymbol{H}$ の強さを，a, I および r を用いて表せ。

(c) 上記 (2)-(a) と (b) の解を利用して，抵抗素子の側面でのポインティングベクトルの大きさを求めよ。

(d) 上記 (2)-(c) で得られた解に側面の面積を乗じることによって，抵抗素子の側面から流入するポインティングベクトルの総数を求めよ。

(e) 上記 (1)-(b) で得られたジュール熱と (2)-(d) で得られた総数とが等しいことを確かめよ。

［解］(1) (a)　抵抗素子の抵抗 R は

$$R = \frac{L}{\pi\sigma a^2} \tag{8.17}$$

(b)　単位時間あたりに発生するジュール熱

$$P = RI^2 = \frac{L}{n\sigma a^2}I^2 \tag{8.18}$$

(2) (a)　電界は電流密度 $\boldsymbol{J}$ に対して $\boldsymbol{J} = \sigma\boldsymbol{E}$ で示される関係があるから，電界 $\boldsymbol{E}$ の強さは

$$E = \frac{J}{\sigma} = \frac{1}{\pi\sigma a^2}I \tag{8.19}$$

であり，図 8.2 に示される方向である。

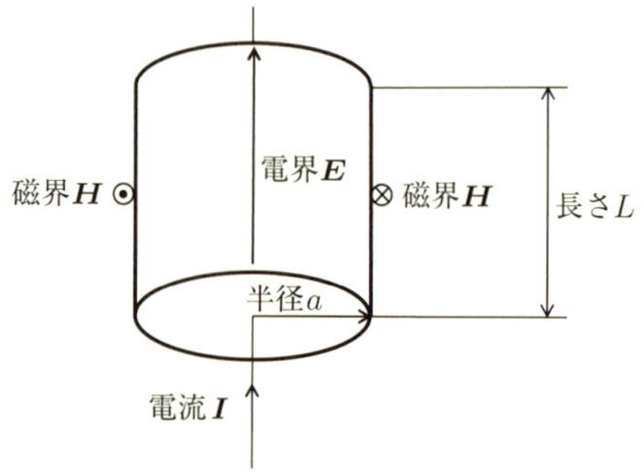

図8.2　抵抗素子と電流

(b) 抵抗素子の中心軸から距離 r での磁界 $\boldsymbol{H}$ の強さは，アンペールの法則を適用することによって，

$$H = \frac{r}{2\pi a^2} I \tag{8.20}$$

であることが導かれる。その方向は図 8.2 に示されるように円周方向である。

(c) 図 8.2 に示されるように，電界 $\boldsymbol{E}$ と磁界 $\boldsymbol{H}$ は直交しているので，$\boldsymbol{S}$ の大きさは

$$|\boldsymbol{S}| = |\boldsymbol{E} \times \boldsymbol{H}| = EH \sin\frac{\pi}{2} = \frac{I^2 r}{2\sigma(\pi a^2)^2} \tag{8.21}$$

と記述でき，また抵抗素子の中心軸に向かう方向であることがわかる。

(d) 抵抗素子の表面では $r = a$ であるから，表面での $\boldsymbol{S}$ の大きさは

$$|\boldsymbol{S}| = \frac{I^2}{2\sigma(\pi a^2)^2} \tag{8.22}$$

である。これに側面積を乗じると，

$$2\pi a L |\boldsymbol{S}| = \frac{L}{\sigma \pi a^2} I^2 \tag{8.23}$$

を得る。

(e) これは式 (8.18) に示された単位時間あたりのジュール熱に等しいことがわかる。

上で述べられた例題 8.2 から以下を指摘できる。ポインティングベクトルは，この抵抗素子で単位時間あたりにジュール熱として発生する**エネルギーの流れ**を表している。エネルギーは抵抗素子の側面から抵抗素子の中心軸に向かって流れている。

例題 8.2 では，抵抗素子を用いて，エネルギー流れを説明したが，他の素子でもポインティングベクトルによってエネルギー流れを説明できる。

パワーは電流あるいは電圧によって伝送されるものと考えがちである。しかし，ここで記されたパワー流れは大変重要な示唆を与えており，パワーは電界と磁界とによって伝送されること，その大きさと方向はポインティングベクトルによって説明できる。

演習問題 8

8.1 静電容量 C のコンデンサに電圧が印加している。その電圧は時間変化し，$v(t)$ で表される。電極間断面にわたる全変位電流の大きさ $i_d(t)$ を求めよ。

8.2 図 8.1 に示すような半径 a，極板間距離 d の円形平行板コンデンサに正弦波交流電圧 $V = V_m \sin \omega t$ [V] を加えている。極板間での磁界を求めよ。なお，極板間の誘電率は ε である。円形極板の中心軸からの距離を r で表す。

8.3 点電荷 q が x 軸上を一定の速度 v で運動している。この点電荷がまわりの空間に生じる変位電流の密度 $j_d(t)$ を求めよ。点電荷は時刻 $t = 0$ で座標原点を通過するとする。

8.4 式 (8.9) から式 (8.10) を導出せよ。

付録A　各座標系における $\mathrm{grad}\,V, \mathrm{div}\,\boldsymbol{A}, \mathrm{rot}\,\boldsymbol{A}, \boldsymbol{\nabla}^2 V$

(**1**) 直角座標（x, y, z）

$$\mathrm{grad}\,V = \boldsymbol{i}\frac{\partial V}{\partial x} + \boldsymbol{j}\frac{\partial V}{\partial y} + \boldsymbol{k}\frac{\partial V}{\partial z}$$

$$\mathrm{div}\,\boldsymbol{A} = \frac{\partial A_x}{\partial x} + \frac{\partial A_y}{\partial y} + \frac{\partial A_z}{\partial z}$$

$$\mathrm{rot}\,\boldsymbol{A} = \boldsymbol{i}\left(\frac{\partial A_z}{\partial y} - \frac{\partial A_y}{\partial z}\right) + \boldsymbol{j}\left(\frac{\partial A_x}{\partial z} - \frac{\partial A_z}{\partial x}\right) + \boldsymbol{k}\left(\frac{\partial A_y}{\partial x} - \frac{\partial A_x}{\partial y}\right)$$

$$\nabla^2 V = \mathrm{div}\,\mathrm{grad}\,V = \frac{\partial^2 V}{\partial x^2} + \frac{\partial^2 V}{\partial y^2} + \frac{\partial^2 V}{\partial z^2}$$

(**2**) 円筒座標（r, ϕ, z）

$$\mathrm{grad}\,V = \boldsymbol{i}_r\frac{\partial V}{\partial r} + \boldsymbol{i}_\phi\frac{1}{r}\frac{\partial V}{\partial \phi} + \boldsymbol{i}_z\frac{\partial V}{\partial z}$$

$$\mathrm{div}\,\boldsymbol{A} = \frac{1}{r}\frac{\partial (rA_r)}{\partial r} + \frac{1}{r}\frac{\partial A_\phi}{\partial \phi} + \frac{\partial A_z}{\partial z}$$

$$\mathrm{rot}\,\boldsymbol{A} = \boldsymbol{i}_r\frac{1}{r}\left(\frac{\partial A_z}{\partial \phi} - \frac{\partial (rA_\phi)}{\partial z}\right) + \boldsymbol{i}_\phi\left(\frac{\partial A_r}{\partial z} - \frac{\partial A_z}{\partial r}\right) + \boldsymbol{i}_z\frac{1}{r}\left(\frac{\partial (rA_\phi)}{\partial r} - \frac{\partial A_r}{\partial \phi}\right)$$

$$\nabla^2 V = \mathrm{div}\,\mathrm{grad}\,V = \frac{1}{r}\left\{\frac{\partial}{\partial r}\left(r\frac{\partial V}{\partial r}\right) + \frac{\partial}{\partial \phi}\left(\frac{1}{r}\frac{\partial V}{\partial \phi}\right) + \frac{\partial}{\partial z}\left(r\frac{\partial V}{\partial z}\right)\right\}$$

(**3**) 極座標（r, θ, ϕ）

$$\mathrm{grad}\,V = \boldsymbol{i}_r\frac{\partial V}{\partial r} + \boldsymbol{i}_\theta\frac{1}{r}\frac{\partial V}{\partial \theta} + \boldsymbol{i}_\phi\frac{1}{r\sin\theta}\frac{\partial V}{\partial \phi}$$

$$\mathrm{div}\,A = \frac{1}{r^2}\frac{\partial (r^2 A_r)}{\partial r} + \frac{1}{r\sin\theta}\frac{\partial (\sin\theta A_\theta)}{\partial \theta} + \frac{1}{r\sin\theta}\frac{\partial A_\phi}{\partial \phi}$$

$$\mathrm{rot}\,\boldsymbol{A} = \boldsymbol{i}_r\frac{1}{r\sin\theta}\left(\frac{\partial (\sin\theta A_\phi)}{\partial \theta} - \frac{\partial A_\theta}{\partial \phi}\right) + \boldsymbol{i}_\theta\frac{1}{r}\left(\frac{1}{\sin\theta}\frac{\partial A_r}{\partial \phi} - \frac{\partial (rA_\phi)}{\partial r}\right)$$
$$+ \boldsymbol{i}_\phi\frac{1}{r}\left(\frac{\partial (rA_\theta)}{\partial r} - \frac{\partial A_r}{\partial \theta}\right)$$

$$\nabla^2 V = \mathrm{div}\ \mathrm{grad}\,V = \frac{1}{r^2}\left\{\frac{\partial}{\partial r}\left(r^2\frac{\partial V}{\partial r}\right) + \frac{1}{\sin\theta}\frac{\partial}{\partial \theta}\left(\sin\theta\frac{\partial V}{\partial \theta}\right) + \frac{1}{\sin^2\theta}\frac{\partial^2 V}{\partial \phi^2}\right\}$$

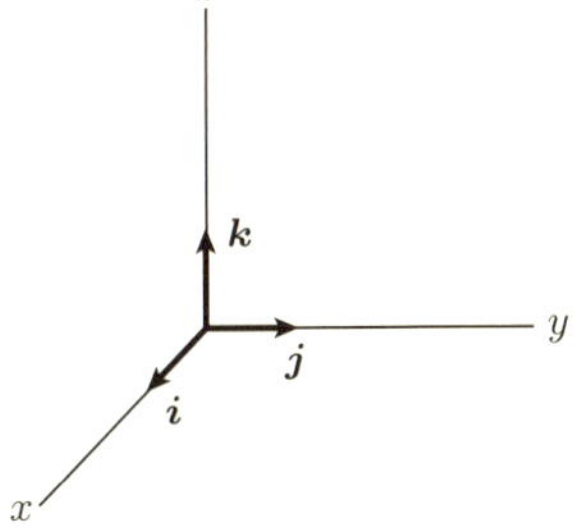

直角座標 (x, y, z)

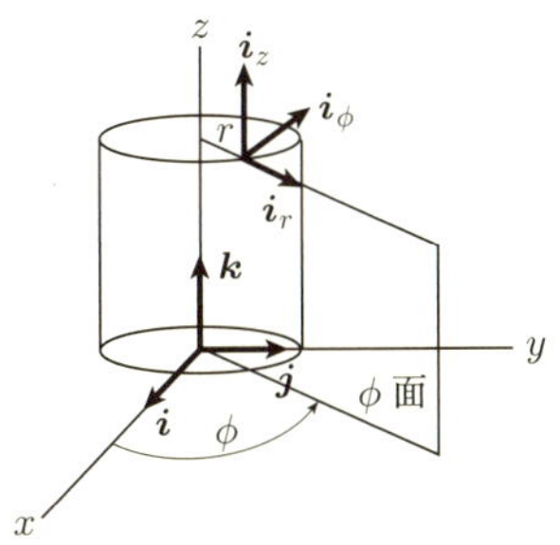

円筒座標 (r, ϕ, z)

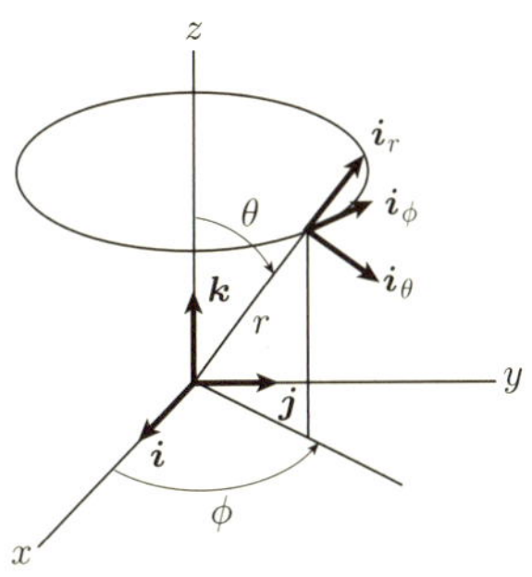

極座標 (r, θ, ϕ)

付録B　影 像 法

静電界は，境界条件の下に，ポアソンまたはラプラスの式を解くことにより，求められる。しかしながら，導体や誘電体がある特別な形状をしているとき，方程式を数学的に解く代わりに，境界条件を満たすように仮想的な電荷（影像電荷）を置くことにより静電界を求めることができる。これを影像法という。その例を以下に示す。

(1) 図1のように，接地された無限導体板から距離 a 離れたところ $(a, 0, 0)$ に点電荷 q が存在する場合を考える。図中の導体板表面 $\mathrm{AA'}$ の右側の電界は，真の点電荷の位置と導体板表面に関して面対称な位置 $(-a, 0, 0)$ に q なる仮想の点電荷を置いて，導体板を取り除いた場合と同じである。なぜならば，面 $\mathrm{AA'}$ は真電荷と仮想電荷とから等距離にあるので，両電荷による $\mathrm{AA'}$ 上の電位は 0 である。これは，導体表面の境界条件を満たしているからである。したがって，点 $\mathrm{P}(x, y, z)$ の電位 V_{p} は

$$V_{\mathrm{p}} = \frac{q}{4\pi\varepsilon_0}\left[\frac{1}{\sqrt{(x-a)^2+y^2+z^2}} - \frac{1}{\sqrt{(x+a)^2+y^2+z^2}}\right]$$

また，導体板と点電荷との間にはたらく力は，導体板は無限であるから，q と $-q$ との間のクーロン力に等しい。すなわち，

$$F = -\frac{q^2}{4\pi\varepsilon_0(2a)^2}$$

(2) 図2のように，十分広い直交接地導体板の間の点 A $(a, b, 0)$ に点電荷 q が存在する場合を考える。導体表面 $\mathrm{O}x$, $\mathrm{O}y$ に対して面対称な影像電荷 q, $-q$ および q を，それぞれ図のように点 B, C および D に置く。このとき，点 A, B, C および D からそれぞれ r_1, r_2, r_3 および r_4 の距離にある点 P の電位 V_{p} は

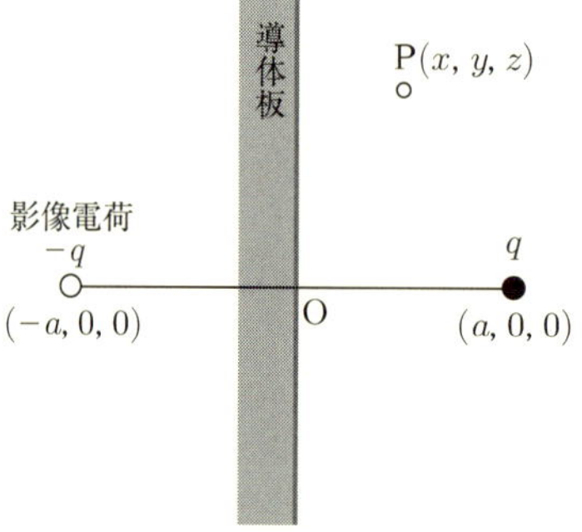

図 1

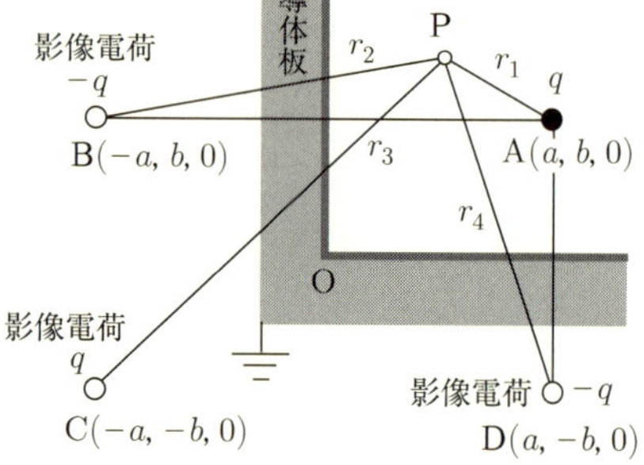

図 2

$$V_\mathrm{p} = \frac{q}{4\pi\varepsilon_0}\left(\frac{1}{r_1} - \frac{1}{r_2} + \frac{1}{r_3} - \frac{1}{r_4}\right)$$

で与えられる。

このとき，導体表面 Ox では，$r_1 = r_3, r_2 = r_3$, Oy 上では，$r_1 = r_2, r_3 = r_4$ であるので，両導体表面の電位は 0 となる。したがって，点 A を含む空間の電界は，導体板をとりさって，点電荷 q と 3 つの影像点電荷によって生じる電界に置きかえることができる。

付録C　電気双極子モーメントがつくる電界

本文 1.6.2 項において電気双極子のつくる電界を求めた。ここでは，さらに検討を進め，電気双極子モーメントを定義して，一般的に成り立つ電界の表式を導出する。

本文の図 1.19 の座標系を考える。微小距離 $2a$ 隔てて点電荷 $+Q$ および $-Q$ が置かれている。$-Q$ から $+Q$ に向かうベクトルを $\boldsymbol{\delta}$ とし ($\delta = 2a$)，$\boldsymbol{m} = Q\boldsymbol{\delta}$ を電気双極子モーメントベクトルとよぶ (図参照)。同図の座標系 (図 1.19 の座標系と同じ) では，$\boldsymbol{m} = (m, 0, 0)$ である。この $\boldsymbol{m}$ から距離 r だけ離れた点 $\mathrm{P}(x, y, z)$ の電位 ϕ は，本文 1.6.2 項の記載の通り，次式で与えられる。

$$
\begin{aligned}
\phi &= \frac{Q2a\cos\theta}{4\pi\varepsilon_0 r^2} = \frac{Q\delta\cos\theta}{4\pi\varepsilon_0 r^2} = \frac{m\cos\theta}{4\pi\varepsilon_0 r^2} = \frac{mr\cos\theta}{4\pi\varepsilon_0 r^3} = \frac{mr\cos\theta}{4\pi\varepsilon_0 r^3} \\
&= \frac{mx}{4\pi\varepsilon_0 (x^2+y^2+z^2)^{3/2}}
\end{aligned}
$$

$\boldsymbol{E} = -\,\mathrm{grad}\,\phi$ を用いて，電界を成分ごとに求めると，以下の通りである。

$$
\begin{aligned}
E_x &= -\frac{\partial\phi}{\partial x} = -\frac{\partial}{\partial x}\left(\frac{mx}{4\pi\varepsilon_0(x^2+y^2+z^2)^{3/2}}\right) \\
&= -\frac{m}{4\pi\varepsilon_0(x^2+y^2+z^2)^{3/2}} + \frac{3}{2}\frac{mx\times 2x}{4\pi\varepsilon_0(x^2+y^2+z^2)^{5/2}} \\
&= \frac{m(2x^2-y^2-z^2)}{4\pi\varepsilon_0(x^2+y^2+z^2)^{5/2}} = \frac{3mx^2 - m(x^2+y^2+z^2)}{4\pi\varepsilon_0(x^2+y^2+z^2)^{5/2}} \\
E_y &= -\frac{\partial\phi}{\partial y} = -\frac{\partial}{\partial y}\left(\frac{mx}{4\pi\varepsilon_0(x^2+y^2+z^2)^{3/2}}\right) \\
&= +\frac{3}{2}\frac{mx\times 2y}{4\pi\varepsilon_0(x^2+y^2+z^2)^{5/2}} = \frac{3mxy}{4\pi\varepsilon_0(x^2+y^2+z^2)^{5/2}} \\
E_z &= -\frac{\partial\phi}{\partial z} = -\frac{\partial}{\partial z}\left(\frac{mx}{4\pi\varepsilon_0(x^2+y^2+z^2)^{3/2}}\right) \\
&= +\frac{3}{2}\frac{mx\times 2z}{4\pi\varepsilon_0(x^2+y^2+z^2)^{5/2}} = \frac{3mxz}{4\pi\varepsilon_0(x^2+y^2+z^2)^{5/2}}
\end{aligned}
$$

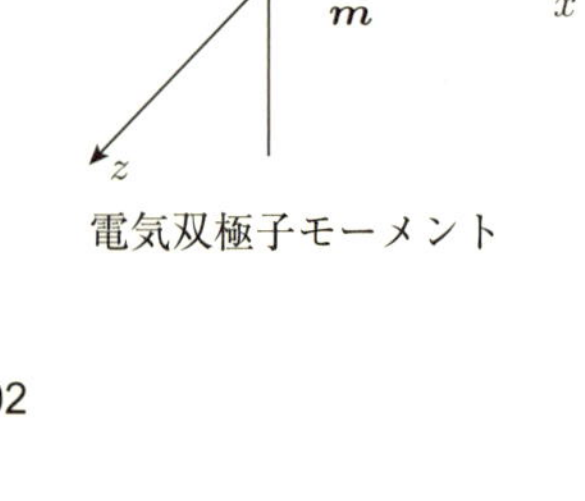

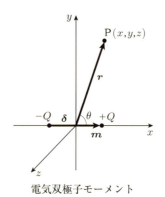

電気双極子モーメント

したがって，電界ベクトルは

$$\boldsymbol{E} = \left(\frac{3mx^2 - m(x^2+y^2+z^2)}{4\pi\varepsilon_0(x^2+y^2+z^2)^{5/2}},\ \frac{3mxy}{4\pi\varepsilon_0(x^2+y^2+z^2)^{5/2}},\right.$$
$$\left. \frac{3mxz}{4\pi\varepsilon_0(x^2+y^2+z^2)^{5/2}} \right)$$

と表される。これを，r を用いて表現すると，次式が得られる。

$$\boldsymbol{E} = \left(\frac{3mx^2 - mr^2}{4\pi\varepsilon_0 r^5},\ \frac{3mxy}{4\pi\varepsilon_0 r^5},\ \frac{3mxz}{4\pi\varepsilon_0 r^5} \right)$$

ところで，ここで用いた座標系では，$\boldsymbol{m} = (m, 0, 0)$，$\boldsymbol{r} = (x, y, z)$ および $\boldsymbol{m} \cdot \boldsymbol{r} = mx$ であることを考慮すると，

$$3(\boldsymbol{m} \cdot \boldsymbol{r})\boldsymbol{r} = (3mx^2, 3mxy, 3mxz), \quad r^2\boldsymbol{m} = (mr^2, 0, 0)$$

であるので，電界は，電気双極子モーメントベクトル $\boldsymbol{m}$ と位置ベクトル $\boldsymbol{r}$ を用いて表現すると，次式で表される。

$$\boldsymbol{E} = \frac{3(\boldsymbol{m} \cdot \boldsymbol{r})\boldsymbol{r} - r^2\boldsymbol{m}}{4\pi\varepsilon_0 r^5}$$

演習問題解答

1章

1.1　(1)　$\boldsymbol{E} = \boldsymbol{E}_1 + \boldsymbol{E}_2 = (30, -20, 50)$ [V/m]

(2)　$|\boldsymbol{E}| = \sqrt{\boldsymbol{E} \cdot \boldsymbol{E}} = \sqrt{(30)^2 + (-20)^2 + 50^2} = 61.6$ V

(3)　$\boldsymbol{E}_1 \cdot \boldsymbol{E}_2 = 0$ なので，なす角は $\pi/2$ rad

1.2　q [C] がつくる電界の大きさを E_1 [V/m]，$-q$ [C] がつくる電界の大きさを E_2 [V/m] とすると，

$$E_1 = \frac{1}{4\pi\varepsilon_0}\frac{q}{1^2}, \qquad E_2 = \frac{1}{4\pi\varepsilon_0}\frac{q}{1^2}$$

となる。図より，合成電界の大きさ E は，

$$E = \frac{q}{4\pi\varepsilon_0} \quad \text{[V/m]}$$

となる。

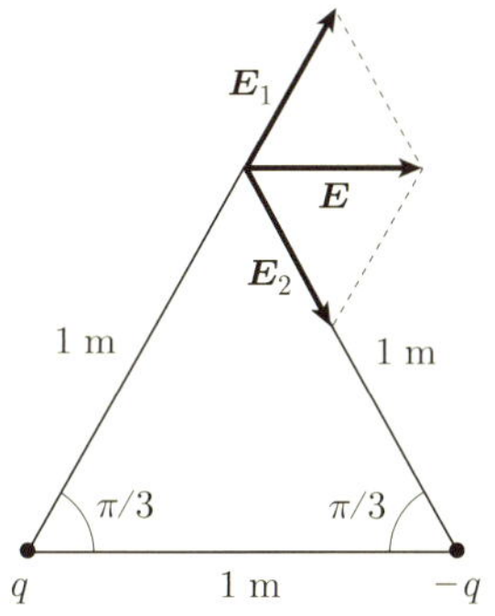

1.3　1.5×10^{-6} C の帯電体の位置を $x = 0$ m，-3.0×10^{-6} C の帯電体の位置を $x = 1.0$ m とすると，位置 x での電界 E は (x の正の方向を電界の正の向きとすると)，

(ⅰ)　$x < 0$ のとき，

$$E = -\frac{1}{4\pi\varepsilon_0}\frac{1.5 \times 10^{-6}}{x^2} + \frac{1}{4\pi\varepsilon_0}\frac{3.0 \times 10^{-6}}{(x - 1.0)^2} \quad \text{[V/m]}$$

(ⅱ)　$0 < x < 1.0$ m のとき，

$$E = \frac{1}{4\pi\varepsilon_0}\frac{1.5 \times 10^{-6}}{x^2} + \frac{1}{4\pi\varepsilon_0}\frac{3.0 \times 10^{-6}}{(x - 1.0)^2} \quad \text{[V/m]}$$

(ⅲ)　1.0 m $< x$ のとき，

$$E = \frac{1}{4\pi\varepsilon_0}\frac{1.5 \times 10^{-6}}{x^2} - \frac{1}{4\pi\varepsilon_0}\frac{3.0 \times 10^{-6}}{(x - 1.0)^2} \quad \text{[V/m]}$$

となる。(ⅱ) (ⅲ) の場合，$E = 0$ の解をもたない。よって，(ⅰ) より電界 E が 0 となる位置は，$x = -1 - \sqrt{2}$ m となる。

1.4 (1) q_1, q_2, q_3 の位置を $x=0, a, 2a$ [m] とし，力 F の向きを x の正の方向とすると，q_1, q_2, q_3 にはたらく力 F_1, F_2, F_3 は，

$$F_1 = -\frac{1}{4\pi\varepsilon_0}\frac{q_1 q_2}{a^2} - \frac{1}{4\pi\varepsilon_0}\frac{q_1 q_3}{(2a)^2},$$
$$F_2 = \frac{1}{4\pi\varepsilon_0}\frac{q_1 q_2}{a^2} - \frac{1}{4\pi\varepsilon_0}\frac{q_2 q_3}{a^2},$$
$$F_3 = \frac{1}{4\pi\varepsilon_0}\frac{q_1 q_3}{(2a)^2} + \frac{1}{4\pi\varepsilon_0}\frac{q_2 q_3}{a^2}$$

となる。

(2) $F_1 = F_2 = F_3 = 0$ となるためには，$-4q_2 - q_3 = 0$, $q_1 - q_3 = 0$, $q_1 + 4q_2 = 0$ であればよい。これより，$q_1 : q_2 : q_3 = -4 : 1 : -4$ となる。

1.5 (1) $y = 2x$ であるので，$dy = 2dx$ を用いると

$$U_1 = -1\int_O^P ((-x^2 - y^2)dx + (-2xy)\,dy)$$
$$= -\int_0^2 ((-x^2 - (2x)^2))\,dx + (-2x(2x))(2\,dx))$$
$$= \int_0^2 13x^2\,dx = 104/3 \ \ \mathrm{J}$$

となる。

(2) $y = x^2$ であるので，$dy = 2x\,dx$ を用いると

$$U_1 = -1\int_O^P ((-x^2 - y^2)dx + (-2xy)dy)$$
$$= -\int_0^2 ((-x^2 - (x^2)^2))dx + (-2x(x^2))(2xdx))$$
$$= \int_0^2 (x^2 + 5x^4)dx = 104/3 \ \ \mathrm{J}$$

となる。

1.6 (1) $\nabla f = \left(\frac{\partial f}{\partial x},\ \frac{\partial f}{\partial y},\ \frac{\partial f}{\partial z}\right) = (z+y,\ x+z,\ x+y)$

(2) $r = \sqrt{x^2+y^2+z^2}$ なので，

$$\nabla f = \left(\frac{x}{\sqrt{x^2+y^2+z^2}},\ \frac{y}{\sqrt{x^2+y^2+z^2}},\ \frac{z}{\sqrt{x^2+y^2+z^2}}\right)$$
$$= \frac{1}{\sqrt{x^2+y^2+z^2}}(x,\ y,\ z) = \frac{\boldsymbol{r}}{r}$$

(3) $r = \sqrt{x^2+y^2+z^2}$ なので，

$$\nabla f = \left(\frac{-x}{(x^2+y^2+z^2)^{\frac{3}{2}}},\ \frac{-y}{(x^2+y^2+z^2)^{\frac{3}{2}}},\ \frac{-z}{(x^2+y^2+z^2)^{\frac{3}{2}}}\right)$$
$$= \frac{-1}{(x^2+y^2+z^2)^{\frac{3}{2}}}(x,\ y,\ z) = -\frac{\boldsymbol{r}}{r^3}$$

1.7 $r(\geq a)$ のとき，球と同心の半径 r [m] のガウス面を考え，その面上の電界を $\boldsymbol{E}$ [V/m] とする。球面内には電荷 Q [C] が存在するので，ガウスの法則より，

$$\oint_S \boldsymbol{E}\cdot d\boldsymbol{S} = \oint_S E\,dS = 4\pi r^2 E = \frac{Q}{\varepsilon_0}$$

となる。よって，$r \geq a$ のとき，

$$E = \frac{1}{4\pi\varepsilon_0}\frac{Q}{r^2} \quad [\mathrm{V/m}]$$

となる。

$r < a$ のとき，球内に電荷 Q [C] が一様に分布しているので，ガウス面内の電荷量 Q_1 [C] は

$$Q_1 = \frac{\frac{4}{3}\pi r^3}{\frac{4}{3}\pi a^3}Q = \frac{r^3}{a^3}Q$$

よって，

$$\oint_S \boldsymbol{E}\cdot d\boldsymbol{S} = \oint_S E\,dS = 4\pi r^2 E = \frac{r^3}{a^3}\frac{Q}{\varepsilon_0}$$

であり，

$$E = \frac{1}{4\pi\varepsilon_0}\frac{Qr}{a^3} \quad [\mathrm{V/m}]$$

となる。

2 章

2.1 導体球外の電界 E [V/m] は

$$E = \frac{1}{4\pi\varepsilon_0}\frac{Q}{r^2}$$

で与えられる。電界のエネルギー密度 w [J/m^3] は

$$w = \frac{1}{2}\varepsilon_0 E^2$$

であるので，w を $r \geq a$ の領域で体積積分すればよい。よって，

$$\begin{aligned} U = \oint_V w\,dV &= \int_a^\infty \frac{1}{2}\varepsilon_0 E^2 4\pi r^2\,dr \\ &= \int_a^\infty \frac{1}{2}\varepsilon_0\left(\frac{1}{4\pi\varepsilon_0}\frac{Q}{r^2}\right)^2 4\pi r^2\,dr = \frac{Q^2}{8\pi\varepsilon_0 a} \quad [\mathrm{J}] \end{aligned}$$

となる。

2.2 (1) 図のとおり。

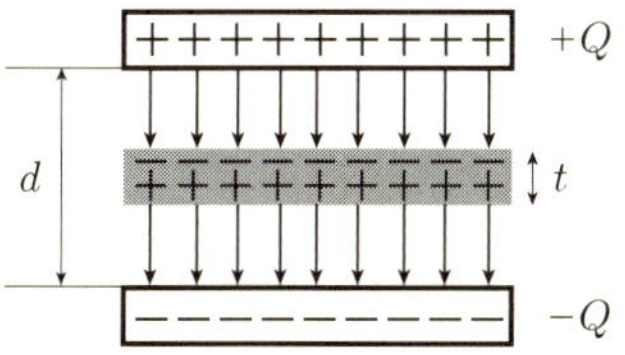

(2) 金属板と平行平板コンデンサの両電極板間の電界は $E = \frac{Q}{\varepsilon_0 S}$ [V/m] である。よって，平行平板コンデンサの両電極板間の電位差は $V = \frac{Q}{\varepsilon_0 S}(d - t)$ [V] となる。よって，静電容量 C [F] は

$$C = \frac{Q}{V} = \frac{\varepsilon_0 S}{d - t}$$

で与えられる。また，金属板がない場合の静電容量 C_0 [F] は，

$$C_0 = \frac{\varepsilon_0 S}{d}$$

であるので，

$$\frac{C}{C_0}=\frac{d}{d-t}$$

となる。

[別解] 金属板と平行平板コンデンサの両電極板間の距離をそれぞれ d_1[m], d_2[m] とすると，金属板を入れたときの静電容量は，電極板間の距離 d_1, d_2 のコンデンサの直接接続とみなすことができる。よって，

$$\frac{1}{C}=\frac{1}{\frac{\varepsilon_0 S}{d_1}}+\frac{1}{\frac{\varepsilon_0 S}{d_2}}=\frac{d_1+d_2}{\varepsilon_0 S}=\frac{d-t}{\varepsilon_0 S}$$

となり，

$$C=\frac{Q}{V}=\frac{\varepsilon_0 S}{d-t}$$

が得られる。

(3) 金属板が無いときの静電エネルギー U_0 [J] は

$$U_0=\frac{1}{2}\varepsilon_0 E^2 Sd$$

であり，金属板があるときの静電エネルギー U [J] は，

$$U=\frac{1}{2}\varepsilon_0 E^2 S(d-t)$$

である。よって，静電エネルギーの変化は

$$U-U_0=\frac{1}{2}\varepsilon_0 E^2 S(d-t)-\frac{1}{2}\varepsilon_0 E^2 Sd=-\frac{1}{2}\varepsilon_0 E^2 St$$
$$=-\frac{1}{2}\varepsilon_0\left(\frac{Q}{\varepsilon_0 S}\right)^2 St=-\frac{1}{2}\left(\frac{Q^2}{\varepsilon_0 S}\right)t$$

である。

2.3 (1) $r<a$ のとき，$E=0$ V/m(導体中)

$a\le r\le b$ のとき，球と同心の半径 r [m] のガウス面を考え，その面上の電界を $\boldsymbol{E}$ [V/m] とする。ガウスの法則より，

$$\oint_S \boldsymbol{E}\cdot d\boldsymbol{S}=\oint_S E\,dS=4\pi r^2 E=\frac{Q}{\varepsilon_0}$$

となる。よって，

$$E=\frac{1}{4\pi\varepsilon_0}\frac{Q}{r^2}$$

$b<r\le c$ のとき，$E=0$ V/m (導体中)

$c<r$ のとき，ガウス面内の電荷量は 0 C ($=Q-Q$) であるので，ガウスの法則より $E=0$ V/m

図に示すと，以下のようになる。

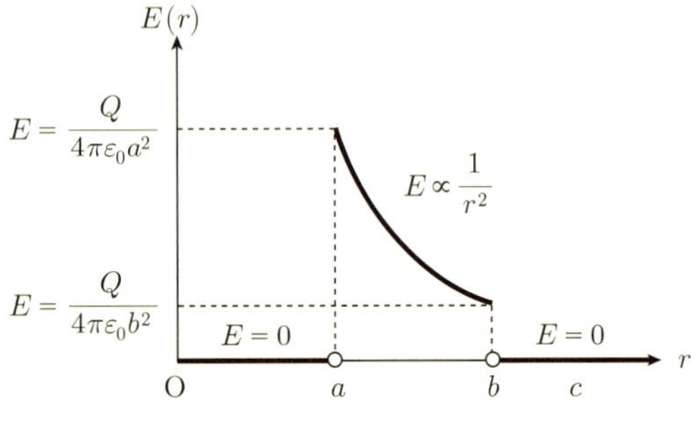

(2) $V = -\int_b^a \boldsymbol{E}\cdot d\boldsymbol{r} = -\int_b^a \dfrac{1}{4\pi\varepsilon_0}\dfrac{Q}{r^2}\,dr = \dfrac{Q}{4\pi\varepsilon_0}\left(\dfrac{1}{a}-\dfrac{1}{b}\right)$ [V]

(3) $C = \dfrac{Q}{V} = 4\pi\varepsilon_0\dfrac{ab}{b-a}$ [F]

3 章

3.1 $E = \dfrac{Q}{4\pi\varepsilon_r\varepsilon_0 r^2} = \dfrac{1.6\times10^{-8}}{4\pi\times4\times8.854\times10^{-12}\times2^2} = 9\ \mathrm{V/m}$

3.2 $\dfrac{1}{\varepsilon_r} = \dfrac{1}{2} = 0.5$ 倍

3.3 (1) $D(r) = \dfrac{Q}{4\pi r^2}$，$E(r) = \dfrac{Q}{4\pi\varepsilon_r\varepsilon_0 r^2}$，$P(r) = \dfrac{\varepsilon_r-1}{\varepsilon_r}\dfrac{Q}{4\pi r^2}$

(2) 内側 $\sigma_p = \dfrac{\varepsilon_r-1}{\varepsilon_r}\dfrac{Q}{4\pi a^2}$，外側 $\sigma_p = \dfrac{\varepsilon_r-1}{\varepsilon_r}\dfrac{Q}{4\pi b^2}$

(3) $C = \dfrac{4\pi\varepsilon_r\varepsilon_0}{\dfrac{1}{a}-\dfrac{1}{b}}$

3.4 (1) $\Delta U = -\dfrac{1}{2}\left(1-\dfrac{1}{\varepsilon_r}\right)\dfrac{\varepsilon_0 S}{d}V^2$，エネルギーは減少。誘電体を引込む仕事に使われた。

(2) $V' = \dfrac{1}{\varepsilon_r}V$，蓄えられている電荷は同じで，電位差が減少。

3.5 (1) $\Delta U = \dfrac{1}{2}(\varepsilon_r-1)\dfrac{\varepsilon_0 S}{d}V^2$，エネルギーは増加。電池がした仕事 $(\varepsilon_r-1)\dfrac{\varepsilon_0 S}{d}V^2$ と引込みに使われた仕事 $\dfrac{1}{2}(\varepsilon_r-1)\dfrac{\varepsilon_0 S}{d}V^2$ との差だけ増加。

(2) $\Delta Q = (\varepsilon_r-1)\dfrac{\varepsilon_0 S}{d}V$，電位差は同じで，電荷が増加。

4 章

4.1 回路に流れる電流を I とすると

$$I = \frac{E}{R_1+R_2}$$

抵抗 R_1 での電圧降下を V とすると

$$V = R_1 I = \frac{R_1 E}{R_1+R_2}$$

抵抗 R_1 でのジュール熱を P とすると

$$P = VI = \frac{R_1 E^2}{(R_1+R_2)^2}$$

$\dfrac{\partial P}{\partial R_1} = 0$ のとき $R_1 = R_2$，したがって，P が最大のときの R_1 の値は R_2，最大のジュール熱を P_m とすると

$$P_m = \frac{E^2}{4R_2}$$

4.2 同軸円筒の中心から距離 r における電界の強さを E_r とすると電流密度 J は

$$J = \sigma E_r$$

同軸の中心から距離 r における電流を I とすると

$$I = 2\pi rlJ = 2\pi rl\sigma E_r$$

したがって

$$E_r = \frac{I}{2\pi rl\sigma}$$

ここで，電極間の電位差を V とすると

$$V = \int_{r_1}^{r_2} \frac{I}{2\pi rl\sigma} = \frac{I}{2\pi l\sigma} \ln\left(\frac{r_2}{r_1}\right)$$

電気抵抗 R はオームの法則より

$$R = \frac{V}{I} = \frac{1}{2\pi l\sigma} \ln\left(\frac{r_2}{r_1}\right)$$

5 章

5.1　O から x までの線上の電流によりつくられる磁場 $\boldsymbol{H}_1$ は紙面垂直下方向であり，ビオ・サバールの法則により

$$H_1 = \frac{I}{4\pi} \int_0^x \frac{d}{(x^2+d^2)^{3/2}}\,dx$$

$x = d\tan\theta$ として

$$H_1 = \frac{I}{4\pi d} \int_0^\theta \cos\theta\,d\theta = \frac{I}{4\pi d} \sin\theta = \frac{I}{4\pi d} \frac{x}{\sqrt{x^2+d^2}}$$

同様に x から l までの線上の電流によりつくられる磁場 $\boldsymbol{H}_2$ は紙面垂直下方向であり

$$H_2 = \frac{I}{4\pi} \int_x^l \frac{d}{((l-x)^2+d^2)^{3/2}}\,dx$$

$t = l - x$ として

$$H_2 = \frac{I}{4\pi d} \int_0^{l-x} \frac{d}{(t^2+d^2)^{3/2}}\,dt = \frac{I}{4\pi d} \frac{l-x}{\sqrt{(l-x)^2+d^2}}$$

$H(x) = H_1 + H_2$ より

$$H(x) = \frac{I}{4\pi d}\left(\frac{x}{\sqrt{x^2+d^2}} + \frac{l-x}{\sqrt{(l-x)^2+d^2}}\right)$$

5.2　(1)　円形のコイルを流れる電流による磁界 $\boldsymbol{H}_\mathrm{c}$ は，コイルの中心からの距離を $a/2$ とすると

$$H_\mathrm{c} = \frac{a^2 I}{2\left(a^2 + \left(\frac{a}{2}\right)^2\right)^{3/2}}$$

したがって，ヘルムホルツコイル中心の磁界 H は

$$H = \frac{I}{a}\left(\frac{4}{5}\right)^{2/3}$$

(2)　ヘルムホルツコイル内部の y 軸上の磁界 H を y の関数として表すと

$$H(y) = \frac{a^2 I}{2\left(a^2 + \left(\frac{a}{2} - y\right)^2\right)^{3/2}} + \frac{a^2 I}{2\left(a^2 + \left(\frac{a}{2} + y\right)^2\right)^{3/2}}$$

$$\frac{\partial H(y)}{\partial y} = \frac{Ia^2}{2}\left\{\frac{3y}{\left(a^2 + \left(\frac{a}{2} - y\right)^2\right)^{5/2}} - \frac{3y}{\left(a^2 + \left(\frac{a}{2} + y\right)^2\right)^{5/2}}\right\}$$

$$\frac{\partial^2 H(y)}{\partial y^2} = \frac{Ia^2}{2}\left\{\frac{3\left(a^2+\left(\frac{a}{2}-y\right)^2\right)^{5/2}+15y^2\left(a^2+\left(\frac{a}{2}-y\right)^2\right)^{3/2}}{\left(a^2+\left(\frac{a}{2}-y\right)^2\right)^5} - \frac{3\left(a^2+\left(\frac{a}{2}+y\right)^2\right)^{5/2}-15y^2\left(a^2+\left(\frac{a}{2}+y\right)^2\right)^{3/2}}{\left(a^2+\left(\frac{a}{2}+y\right)^2\right)^5}\right\}$$

$y=0$ において，$\dfrac{\partial H(y)}{\partial y}$ および，$\dfrac{\partial^2 H(y)}{\partial y^2}$ はともに 0 になる。

5.3 (1) 図のように，導体のまわりに積分の経路をとり，アンペールの法則を適用する。磁界の向きは，$y>0$ で x 軸に平行で，負の向き，$y<0$ では，x 軸に平行で，正の向きとなる。また導体平面に垂直の方向の磁界は 0 となる。

$$\oint H_x dl = Jlt$$

$$H_x 2l = Jlt$$

したがって

$$H_x = \frac{Jt}{2}$$

(2) 導体に挟まれた空間における磁界 $\boldsymbol{H}_{\text{in}}$ の大きさは (1) で求めた H_x の大きさの 2 倍であり，向きは x の向きである。x 方向の単位ベクトルを $\boldsymbol{e}_x$ として

$$H_{\text{in}} = Jt\boldsymbol{e}_x$$

それ以外の空間では，磁界は相殺されて 0 になる。

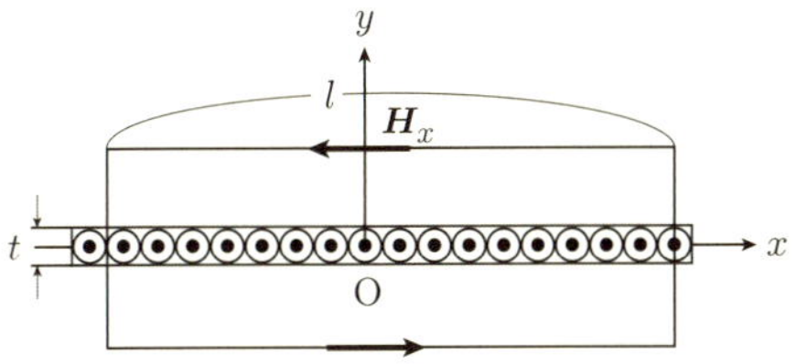

5.4 電界 E により電子が受ける力とローレンツ力がつり合うとすると

$$e|\boldsymbol{E}| + ev|\boldsymbol{B}| = 0$$

$$\boldsymbol{J} = -ne\boldsymbol{v}$$

以上より，

$$|\boldsymbol{E}| = -v|\boldsymbol{B}| = \frac{BJ}{ne}$$

5.5 ベクトルポテンシャルを $\boldsymbol{A}$ として

$$\boldsymbol{B} = \boldsymbol{\nabla} \times \boldsymbol{A}$$

磁束 ϕ を $\boldsymbol{B}$ により表すと

$$\Phi = \int \boldsymbol{B}\cdot d\boldsymbol{S} = \int (\boldsymbol{\nabla}\times\boldsymbol{A})\cdot d\boldsymbol{S}$$

ストークスの定理を用いると

$$\int (\boldsymbol{\nabla}\times\boldsymbol{A})\cdot d\boldsymbol{S} = \oint \boldsymbol{A}\cdot d\boldsymbol{l}$$

したがって，

$$\Phi = \oint \boldsymbol{A} \cdot d\boldsymbol{l}$$

5.6　磁界は無限長ソレノイドでは，外部と内部とも一定の値をもつ。ただし，ソレノイド外部では電流による磁界は相殺されて 0 になる。またソレノイドの長軸に垂直方向の磁界も 0 になる。長方形の積分経路の長手方向をソレノイドの長軸方向として，導線をまたぐようにとり，ソレノイド内部の磁界を H としてアンペールの法則を適用すると

$$Hl = nlI$$

したがって，

$$H = nI$$

6 章

6.1　$\boldsymbol{B}(r) = \boldsymbol{\nabla} \times \boldsymbol{A}(r)$ より磁束密度 $\boldsymbol{B}$ を求める。

$$\boldsymbol{B}(r) = \boldsymbol{\nabla} \times \frac{(\boldsymbol{m} \times \boldsymbol{r})}{4\pi|\boldsymbol{r}|^3} = \frac{1}{4\pi}\left\{\frac{1}{|\boldsymbol{r}|^3}\boldsymbol{\nabla} \times (\boldsymbol{m} \times \boldsymbol{r}) + \boldsymbol{\nabla}\frac{1}{|\boldsymbol{r}|^3} \times (\boldsymbol{m} \times \boldsymbol{r})\right\}$$

$$\frac{\boldsymbol{\nabla} \times (\boldsymbol{m} \times \boldsymbol{r})}{|\boldsymbol{r}|^3} = \frac{(\boldsymbol{r} \cdot \boldsymbol{\nabla}) \cdot \boldsymbol{m} - (\boldsymbol{m} \cdot \boldsymbol{\nabla}) \cdot \boldsymbol{r} + (\boldsymbol{\nabla} \cdot \boldsymbol{r}) \cdot \boldsymbol{m} - (\boldsymbol{\nabla} \cdot \boldsymbol{m}) \cdot \boldsymbol{r}}{|\boldsymbol{r}|^3} = \frac{2\boldsymbol{m}}{|\boldsymbol{r}|^3}$$

$$\boldsymbol{\nabla}\frac{1}{|\boldsymbol{r}|^3} \times (\boldsymbol{m} \times \boldsymbol{r}) = \frac{-3\boldsymbol{r}}{|\boldsymbol{r}|^5} \times (\boldsymbol{m} \times \boldsymbol{r}) = \frac{-3\boldsymbol{r} \times (\boldsymbol{m} \times \boldsymbol{r})}{|\boldsymbol{r}|^5}$$

$$= \frac{-3\{\boldsymbol{m}|\boldsymbol{r}|^2 - \boldsymbol{r} \cdot (\boldsymbol{m} \cdot \boldsymbol{r})\}}{|\boldsymbol{r}|^5}$$

$$\boldsymbol{B}(\boldsymbol{r}) = \frac{1}{4\pi}\left[\frac{2\boldsymbol{m}}{|\boldsymbol{r}|^3} - \frac{3\{\boldsymbol{m}|\boldsymbol{r}|^2 - \boldsymbol{r} \cdot (\boldsymbol{m} \cdot \boldsymbol{r})\}}{|\boldsymbol{r}|^5}\right] = \frac{1}{4\pi}\left[\frac{3(\boldsymbol{m} \cdot \boldsymbol{r}) \cdot \boldsymbol{r}}{|\boldsymbol{r}|^5} - \frac{\boldsymbol{m}}{|\boldsymbol{r}|^3}\right]$$

したがって

$$\boldsymbol{H}(\boldsymbol{r}) = \frac{\boldsymbol{B}(\boldsymbol{r})}{\mu_0} = \frac{1}{4\pi\mu_0}\left[\frac{3(\boldsymbol{m} \cdot \boldsymbol{r}) \cdot \boldsymbol{r}}{|\boldsymbol{r}|^5} - \frac{\boldsymbol{m}}{|\boldsymbol{r}|^3}\right]$$

6.2　磁性体内部の磁界と磁束密度の大きさをそれぞれ $H_{\rm in}$ および $B_{\rm in}$，また磁性体内部の磁力線と磁性体表面の法線がなす角度を $\theta_{\rm in}$ として，

$$H_{\rm in}\sin\theta_{\rm in} = H\sin\theta$$

$$B_{\rm in}\cos\theta_{\rm in} = B\cos\theta$$

$$B_{\rm in} = \mu_0 H_{\rm in} + M = \mu_0(1 + \chi_r)H_{\rm in}$$

$$B = \mu_0 H$$

以上の関係より，

$$\frac{\tan\theta_{\rm in}}{\mu_0(1 + \chi_r)} = \frac{\tan\theta}{\mu_0}$$

$$\tan\theta_{\rm in} = (1 + \chi_r)\tan\theta \approx \chi_r\tan\theta$$

$$\cos\theta_{\rm in} = \frac{1}{\sqrt{1 + (\chi_r\tan\theta)^2}}$$

したがって

$$B_{\rm in} = H\cos\theta\sqrt{1 + (\chi_r\tan\theta)^2}$$

6.3　(1)　円形リング中心線をアンペールの法則を利用する積分経路として考えると，その積分経路を周囲とする面を貫く電流線の数は N である。したがって起磁力 $\Gamma_{\rm m}$ は

$$\Gamma_m = NI$$

である。

(2) 空隙の部分を除いた磁性体内部の磁気抵抗を R_m とすると

$$R_m = \frac{(2\pi r - g)}{\mu S}$$

狭い空隙内の磁束は磁性体内部を通る磁束と等しいと考えることができるため

$$\phi_g = \frac{\Gamma_m}{R_m + R_g}$$

したがって

$$\phi_g = \frac{NI}{\dfrac{(2\pi r - g)}{\mu S} + R_g}$$

7章

7.1 $U = -N\dfrac{d}{dt} = -200 \times \dfrac{5 \times 10^{-2}}{10} = -1$ V

7.2 (1) $U = vBL = 3 \times (25 \times 10^{-3}) \times (300 \times 10^{-3}) = 22.5 \times 10^{-3}$ V

(2) $U = 0$ V

7.3 (1) コイル面の法線と磁束がなす角度を θ とすると，コイルを貫く磁束 ϕ は

$$\phi = B_0 bh \cos\theta = B_0 bh \cos\omega t$$

よって，コイルの両端に生じる電圧 U は

$$U = -N\frac{d\phi}{dt} = NB_0 bh\omega \sin\omega t$$

(2) コイルの回転速度 v は $v = (b/2)\omega$ である。コイルが $\theta = \omega t$ の位置に存在するとき，辺 h の一つの導体が運動によって誘導される起電力 U' は

$$U' = vB_0 h \sin\theta = \frac{B_0 bh}{2}\omega \sin\omega t$$

辺 h は1巻きあたり2つあり，コイル巻き数は N であるから，全起電力 U は

$$U = 2NU' = NB_0 bh\omega \sin\omega t$$

7.4 導体には電磁力 IBL が作用し，外力 F はこの電磁力に等しいので，外力が導体に行う仕事率は，

$$Fv = (IBL)v = \frac{vBL}{R}BLv = \frac{(vBL)^2}{R}$$

抵抗での単位時間あたりに発生するジュール熱は，

$$RI^2 = R\left(\frac{vBL}{R}\right)^2 = \frac{(vBL)^2}{R}$$

機械エネルギーがジュール熱に変換されている。

7.5 鎖交磁束数 $\Phi = LI = 0.02 \times 6 = 0.12$ Wb

磁束 $\phi = \dfrac{\Phi}{N} = \dfrac{0.12}{100} = 1.2 \times 10^{-3}$ Wb

7.6 (1) 鎖交磁束数 $\Phi_{BA} = 20 \times (5 \times 10^{-2}) = 1$ Wb

A-B 間の相互インダクタンス $M = \dfrac{\Phi_{BA}}{I_A} = \dfrac{1}{2} = 0.5$ H

(2) 起電力 $U_{\mathrm{BA}} = -M_{\mathrm{BA}}\dfrac{dI_{\mathrm{A}}}{dt} = -0.5 \times \dfrac{8-2}{0.5} = -6\ \mathrm{V}$

7.7 エネルギー W_{m} は鎖交磁束数 Φ と電流 I_1 を用いて

$$W_{\mathrm{m}} = \frac{1}{2}\Phi I_1$$

鎖交磁束数 Φ は，

$$\Phi = NBS$$

と表されるので，

$$B = \frac{2W_{\mathrm{m}}}{NSI}$$

8 章

8.1 コンデンサの電極の電荷 $q(t)$ は $q(t) = Cv(t)$ である。電極に流入する電流 $i(t)$ は

$$i(t) = \frac{dq(t)}{dt} = C\frac{dv(t)}{dt}$$

変位電流は伝導電流と連続しているので，

$$i_{\mathrm{d}}(t) = i(t) = C\frac{dv(t)}{dt}$$

8.2 アンペアの法則は

$$\mathrm{rot}\,\boldsymbol{H} = \frac{\partial \boldsymbol{D}}{\partial t}$$

と記載できる。その積分形は

$$\oint_C \boldsymbol{H}\cdot d\boldsymbol{l} = \int_S \frac{\partial \boldsymbol{D}}{\partial t}\cdot d\boldsymbol{S}$$

一方，極板間での電束は

$$D = \varepsilon E = \varepsilon\frac{V_{\mathrm{m}}}{d}\sin\omega t$$

であるから，変位電流は

$$\frac{\partial D}{\partial t} = \varepsilon\omega\frac{V_{\mathrm{m}}}{d}\cos\omega t$$

アンペアの法則を用いることによって，

$$2r\cdot H = \pi r^2\cdot\varepsilon\omega\frac{V_{\mathrm{m}}}{d}\cos\omega t$$

を得る。よって，磁界 H は

$$H = \frac{r}{2}\varepsilon\omega\frac{V_{\mathrm{m}}}{d}\cos\omega t$$

と求められる。

8.3 時刻 t における点 P (x, y, z) での電位は

$$\phi = \frac{q}{4\pi\varepsilon_0 r} = \frac{q}{4\pi\varepsilon_0\sqrt{(x-vt)^2+y^2+z^2}}$$

電束密度 $\boldsymbol{D}$ を $\boldsymbol{D} = \varepsilon_0\boldsymbol{E} = -\varepsilon_0\,\mathrm{grad}\,\phi$ によって求めることができる。

$$D_x = -\varepsilon_0\frac{\partial\phi}{\partial x} = \frac{q}{4\pi}\frac{x-vt}{r^3}$$

$$D_y = -\varepsilon_0\frac{\partial\phi}{\partial y} = \frac{q}{4\pi}\frac{y}{r^3}$$

$$D_z = -\varepsilon_0\frac{\partial\phi}{\partial z} = \frac{q}{4\pi}\frac{z}{r^3}$$

よって，変位電流は，

$$(j_{\mathrm{d}})_x = \frac{\partial D_x}{\partial t} = \frac{q}{4\pi}\frac{2(x-vt)^2 - y^2 - z^2}{r^5}$$
$$(j_{\mathrm{d}})_y = \frac{\partial D_y}{\partial t} = \frac{q}{4\pi}\frac{3y(x-vt)}{r^5}$$
$$(j_{\mathrm{d}})_z = \frac{\partial D_z}{\partial t} = \frac{q}{4\pi}\frac{3z(x-vt)}{r^5}$$

8.4 任意のベクトル $\boldsymbol{A}$ に対して，$\mathrm{div}(\mathrm{rot}\,\boldsymbol{A}) = 0$ が成り立つので，式(8.9)から

$$\mathrm{div}\left(\boldsymbol{J} + \frac{\partial \boldsymbol{D}}{\partial t}\right) = 0$$

を得る。電流は電荷の移動であるから，電流密度 J を電荷体積密度 ρ を用いて

$$\mathrm{div}\,\boldsymbol{J} = -\frac{\partial \rho}{\partial t}$$

と表すことができるので，

$$\mathrm{div}\,\frac{\partial \boldsymbol{D}}{\partial t} = \frac{\partial \rho}{\partial t}$$

したがって，

$$\frac{\partial}{\partial t}\,\mathrm{div}\,\boldsymbol{D} = \frac{\partial \rho}{\partial t}$$

ゆえに，

$$\mathrm{div}\,\boldsymbol{D} = \rho$$

索　引

監修者紹介

天野　浩（あまの　ひろし）

1989 年　名古屋大学大学院工学研究科博士課程後期課程電気工学・電気工学第二・電子工学専攻満了退学
2014 年　ノーベル物理学賞受賞
現　在　名古屋大学未来材料・システム研究所教授　工学博士

著者紹介

大野哲靖（おおの　のりやす）（1, 2 章担当）

1988 年　九州大学大学院総合理工学研究科博士後期課程中退
現　在　名古屋大学大学院工学研究科教授　博士（理学）

松村年郎（まつむら　としろう）（3 章，付録担当）

1979 年　名古屋大学大学院工学研究科博士課程後期課程電気工学・電気工学第二及び電子工学専攻満了退学
現　在　名古屋大学名誉教授　愛知工業大学工学部教授　工学博士

内山　剛（うちやま　つよし）（4, 5, 6 章担当）

1988 年　名古屋大学大学院工学研究科博士課程後期課程金属及び鉄鋼工学専攻満了退学
現　在　名古屋大学大学院工学研究科准教授　工学博士

横水康伸（よこみず　やすのぶ）（7, 8 章担当）

1990 年　名古屋大学大学院工学研究科博士課程後期課程電気工学・電気工学第二・電子工学専攻満了退学
現　在　名古屋大学大学院工学研究科教授　工学博士

2018 年 9 月 10 日　初　版　発　行
2024 年 10 月 18 日　初版第 3 刷発行

電磁気学
ビギナーズ講義

監修者　天野　浩
著　者　大野哲靖
　　　　松村年郎
　　　　内山　剛
　　　　横水康伸
発行者　山本　格

発行所　株式会社　培　風　館
東京都千代田区九段南 4-3-12・郵便番号 102-8260
電 話（03）3262-5256（代表）・振 替 00140-7-44725

D.T.P. アベリー・三美印刷・牧 製本

PRINTED IN JAPAN

ISBN978-4-563-02521-2 C3042